炼化工程项目风险评估与保险策略

刘满存　解建仓　编著

石油工业出版社

内 容 提 要

本书针对炼化工程项目的风险特点，以风险管理为研究对象，将炼化行业技术、保险行业技术与风险管理技术有效融合。按照系统安全的思维模式，对炼化工程项目施工前、施工中以及试车三个阶段的风险进行了识别。利用 BP 神经网络建立了炼化工程项目风险评价模型，对炼化工程项目的综合风险水平进行预测。针对识别出的风险进行了风险管理策略研究，根据各类风险特点提出了相应的自留、控制及转移方案。针对可保风险进行了险种、保险要素以及保险索赔分析，为炼化工程项目风险转移提供了一定的参考依据。

本书可供从事炼化工程建设与运营管理等方面的研究人员、工程技术人员以及有关院校的师生学习参考。

图书在版编目（CIP）数据

炼化工程项目风险评估与保险策略／刘满存，解建仓编著 . —北京：石油工业出版社，2019.9

ISBN 978-7-5183-3559-6

Ⅰ.①炼…　Ⅱ.①刘…②解　Ⅲ.①石油炼制-项目风险-安全评价②石油炼制-保险管理　Ⅳ.①TE62②F840.681

中国版本图书馆 CIP 数据核字（2019）第 189661 号

出版发行：石油工业出版社
　　　　　（北京安定门外安华里 2 区 1 号楼　100011）
　　网　　址：www.petropub.com
　　编辑部：（010）64523738　图书营销中心：（010）64523633
经　　销：全国新华书店
印　　刷：北京中石油彩色印刷有限责任公司

2019 年 9 月第 1 版　2019 年 9 月第 1 次印刷
787×1092 毫米　开本：1/16　印张：11.5
字数：280 千字

定价：98.00 元
（如出现印装质量问题，我社图书营销中心负责调换）

前　　言

近年来，炼化工程技术日新月异，在产业升级革新过程中起到了重要的推动作用，炼化产业正向着大型化、一体化、数字智能化、精细化方向发展。炼化工程项目管理模式也从传统的 DBB 模式衍生出"IPMT＋EPC＋工程监理""PMC＋EPC""IPMT＋EPC＋工程监理""业主＋EPC＋监理"等先进模式。在炼化工程项目建设的全生命周期中面临众多内外部风险，严重影响了建设施工的成本、质量、进度等，在造价昂贵的大型炼化工程项目中体现得尤为明显。同时，在炼化工程项目建设过程中，也面临着安全事故风险及由此带来的财产损失、人员伤亡、环境破坏、企业形象受损等问题。因此，针对大型炼化工程建设过程中的风险分析及风险管理策略至关重要。

保险人希望通过风险管理达到风险信息的高度对称，为风险管理、保险决策和保险方案编制提供有力依据。但在实际操作中，风险管理观念薄弱、基础知识缺失、风险管理工具运用不灵活等问题长期存在，其中在保险承保、防灾防损、理赔等多个环节尤为突出。由此引发的保险企业风险管理能力不足、被保险企业满意度低、保险方案和风险覆盖不对应等问题长期制约着保险企业的良性发展。

在此背景下，本书针对炼化工程项目的风险特点，以风险管理为研究对象，旨在通过对炼化工程项目的特点、主要生产装置、重要设备、风险特点、风险识别、风险评估、风险应对、保险等相关知识的介绍，重点讲述炼化工程项目的风险管控情况、保险管理技术及应用、典型案例等。将炼化行业技术、保险行业技术与风险管理技术有效融合，为炼化工程项目的风险管理决策及保险安排提供参考。

为系统分析炼化工程项目中的风险因素，为炼化工程项目提供风险管理策略和保险策略，有效提高炼化工程项目的风险管理能力，本书根据炼化工程风险特点，按照系统安全的思维模式，采用德尔菲法在面、线、点三个层次，从人的风险、技术风险、材料与设备设施风险、环境风险和管理风险五个方面，对炼化工程项目施工前、施工中以及试车三个阶段的风险进行了识别。利用 BP

神经网络建立了炼化工程项目风险评估模型，对炼化工程项目的综合风险水平进行预测。采用蒸气云爆炸、池火灾模型及地震损失模型定量估算了试车阶段的可能最大损失，为设计保险方案、设置保费提供参考。针对识别出的风险进行了风险管理策略研究，根据各类风险特点提出了相应的自留、控制及转移方案。针对可保风险进行了险种、保险要素以及保险索赔分析，为炼化工程项目风险转移提供了一定的参考依据。

本书共分为八章，主要内容包括炼化行业概论、炼化工程项目概述、风险管理与保险基础知识、炼化基础知识、炼化工程项目风险管理、炼化工程项目保险、炼化工程项目保险合同与索赔管理、炼化工程项目事故及索赔案例。

在本书编写过程中得到了昆仑保险经纪股份有限公司郑伟博士、陈倩工程师、汪逸安博士等多位专家的大力支持，参考和借鉴了许多专家学者的研究成果和学术观点。在此，一并向他们表示最诚挚的感谢！

由于水平有限，书中错误疏漏之处在所难免，敬请广大读者批评指正。

目　　录

第一章 炼化行业概论

炼化是炼油化工的简称，是以原油为基本原料，通过一系列加工过程，例如常减压蒸馏、催化裂化、催化加氢、催化重整、延迟焦化等，得到汽油、煤油、柴油、润滑油、溶剂油、蜡油、沥青以及各类石油化工生产原料等产品的过程[1]。炼化在国民经济发展过程中起到非常重要的作用，是中国的支柱产业之一。

第一节 国内市场对炼化产品的需求

按照 GB/T 498—2014《石油产品及润滑剂分类方法和类别的确定》，将石油产品和有关产品分为燃料，溶剂和化工原料，润滑剂、工业润滑油和有关产品，蜡以及沥青五大类。

（1）燃料：汽油、喷气燃料、煤油、柴油、重油、液化石油气等。

（2）溶剂和化工原料：航空洗涤汽油、溶剂油和 6 号抽提溶剂油等。

（3）润滑剂、工业润滑油和有关产品：主要包括润滑油和润滑脂。

（4）蜡：主要包括石蜡、地蜡两大类。

（5）沥青：主要供道路、建筑用。

其中，燃料占石油产品的 80% 左右甚至更多，润滑剂占 5% 左右。下面主要介绍近几年国内成品油的消费情况。

据统计，2017 年国内成品油消费量恢复增长，全年消费量达 3.22×10^8 t，较 2016 年增加 3%，其中汽油消费量为 1.22×10^8 t，柴油消费量为 1.67×10^8 t。2017 年，国内成品油产量为 3.58×10^8 t，同比增长 2.85%。总体来讲，目前国内成品油市场属于供大于求阶段，汽油、柴油和煤油供需情况较为宽松。2006—2017 年国内成品油供需格局如图 1-1 所示，国内汽油、柴油和煤油消费量如图 1-2 所示。

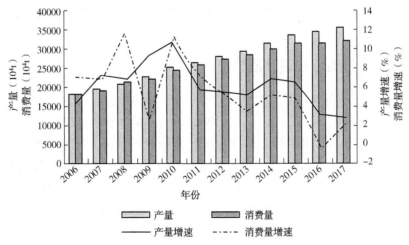

图 1-1 2006—2017 年国内成品油供需格局

数据来源：中国产业信息调研报告

1

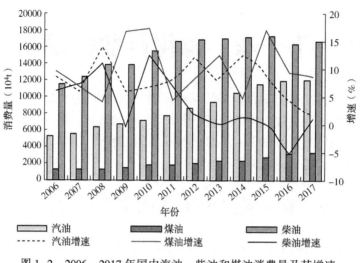

图 1-2　2006—2017 年国内汽油、柴油和煤油消费量及其增速

数据来源：中国产业信息调研报告

从需求端来看，"十三五"规划提出，其间中国年均经济增长率约为 6.5%。考虑到经济发展对成品油消费的带动作用以及替代能源对成品油消费的抑制作用，预计 2020 年中国成品油表观消费量将达到 $3.43×10^8t$，"十三五"期间年均增长率为 1.65%。

第二节　炼化产业状况

技术的不断创新是炼化产业得以长久发展的根本保证。近 100 年来，特别是进入 21 世纪以来，在炼化技术不断进步的影响下，全球炼化产业趋向成熟，持续向着大型化、一体化、数字智能化、精细化方向发展[2]。

2017 年，世界炼油继续缓慢增长，炼厂开工率和炼油毛利也有所提升，新增能力主要来自亚太地区和美国。国内炼油能力增速加快，炼油行业转型升级速度加快，地方炼厂以获"双权"(原油进口权和使用权)为契机，已逐渐成为继大型国有炼化企业后的又一大炼油势力。

一、世界炼化产业发展现状及趋势

截至 2017 年底，全球炼油厂总计 650 多个，单个炼油能力约 $750×10^4t/a$[3]。2017 年，世界炼油能力创历史新高，总炼油能力达到 $49×10^8t/a$。世界新增炼油能力 $7800×10^4t/a$，新增炼油能力主要来自中国、印度和美国等。2017 年世界炼油能力区域分布如图 1-3 所示。2017 年，亚太地区炼油能力占比与 2016 年相比上升 1%，达到 35%，超过北美与西欧占比之和，其他地区占比基本保持稳定。2017 年，世界炼厂总体开工率比 2016 年有所提升，世界各地区平均开工率统计如图 1-4 所示，世界各地区炼油毛利情况见表 1-1。

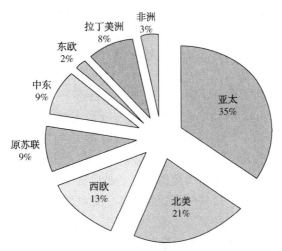

图 1-3 2017 年世界炼油能力区域分布

数据来源：美国《油气杂志》

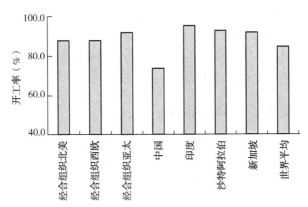

图 1-4 2017 年世界各地区炼油平均开工率

数据来源：美国《油气杂志》

表 1-1 世界各地区炼油毛利情况

国家或地区	炼油毛利(美元/bbl)					
	2012 年	2013 年	2014 年	2015 年	2016 年	2017 年
西北欧(布伦特油裂化)	6.36	3.48	3.35	7.28	4.28	6.18
美国墨西哥湾(HLS/LLS 裂化)	6.69	5.70	7.82	9.13	6.54	9.76
美国中部(WTI 裂化)	24.61	17.43	13.76	16.19	9.55	13.12
新加坡(迪拜油裂化)	5.34	4.46	4.11	6.24	4.74	5.78

注：HLS 是指重质路易斯安那低硫原油；LLS 是指轻质路易斯安那低硫原油；WTI 是指西得克萨斯轻质原油。数据来源：国际能源署(IEA)。

世界炼化产业呈现以下发展趋势：

（1）炼油能力持续增长，发展重心偏向亚太。

2018 年，世界范围内新增炼厂和既有炼厂扩能项目约 223 个，预计到 2020 年约有 100 个投产，世界炼油能力预计会突破 $50×10^8 t/a$[3]。

在石油需求格局发生变化的影响下，炼化产业的布局出现了明显的东西方分化趋势。欧美地区等发达国家受经济衰退的影响，石油需求及炼油能力都处于下降趋势。全球新建炼厂几乎全部位于亚太地区，预计未来几年，全球炼油产业的发展重心将偏向亚太地区。

（2）炼化产业向一体化发展。

炼化一体化是指将上游炼化到下游产品生产、销售集于一体，其核心是实现工厂流程和总体布局的整体化、最优化。例如：墨西湾沿岸占据了美国44%的炼油能力和95%的乙烯生产能力；太平洋沿岸占据了日本85%的炼油能力和89%的乙烯生产能力[4]。

研究表明，在炼化一体化建设理念下，伴随石油加工产业链的延伸，企业经济效益会呈指数级增加，同时安全环保水平也会大幅提升。这是因为项目设计一体化，化工产品上下游关联形成产业链，装置之间生产规模匹配以及资源优化配置，可实现零库存，从而大大降低了储存大量产品导致的泄漏、爆炸等重大事故的概率。最终，可实现企业生产效率高、产业结构优、资源消耗低、环境污染少、安全事故低的目标。

（3）炼油产业加快推进清洁燃料发展。

目前，世界范围内许多国家的车用油品含硫量标准升级速度不断加快，国内轻型汽车用油自2020年7月1日起将执行国Ⅵ标准。除车用汽柴油的硫含量外，船用燃料油的硫含量也开始提出升级要求。中国2016年1月1日起实施的《中华人民共和国大气污染防治法》规定在珠江三角洲、长江三角洲、环渤海（京津冀）水域船舶排放控制区内，自2019年1月1日起，所有船舶使用的燃料油含硫量不大于5000μg/g[5]。

二、国内炼化产业发展现状及趋势

目前，中国是世界第一大石油净进口国、第二大原油精炼国，也是仅次于美国的第二大石油消费国，中国在国际石油市场上占有非常重要的地位。随着中国经济由传统的高投资/制造业/出口驱动型布局，逐步向以国内为主的结构快速转型升级，炼化产业经济也更加注重高效利用石油、低污染和可持续增长。

随着国民经济的发展，中国炼油工业取得巨大进步，2006—2016年，中国炼油能力从 $3.69×10^8t/a$ 提高到 $7.5×10^8t/a$，2017年中国炼油能力达到 $7.72×10^8t/a$，预计到2020年国内总炼油能力将达到 $8.8×10^8t/a$。自1993年中国成为原油净进口国以来，进口量逐年增大。2017年，国内石油净进口量约为 $3.96×10^8t$，同比增长10.8%，增速比2016年高1.2个百分点，石油对外依存度达到了67.4%，较2016年上升3%。

2015—2017年中国大型企业炼油能力构成见表1-2。从区域分布来看，华北、东北、华南、华东地区是中国炼油能力集中地区，四大地区合计炼油能力为 $6.15×10^8t/a$，占总能力的79.76%（表1-3）。目前，国内正在建设的大型炼化一体化项目见表1-4。

表1-2　2015—2017年中国大型企业炼油能力构成

企　　业	2015年		2016年		2017年	
	炼油能力 （$10^4t/a$）	占全国比例 （%）	炼油能力 （$10^4t/a$）	占全国比例 （%）	炼油能力 （$10^4t/a$）	占全国比例 （%）
全国	75366		75390		77150	
中国石化	26020	34.52	26020	34.51	26020	33.73

企 业	2015 年		2016 年		2017 年	
	炼油能力 （$10^4 t/a$）	占全国比例 （%）	炼油能力 （$10^4 t/a$）	占全国比例 （%）	炼油能力 （$10^4 t/a$）	占全国比例 （%）
中国石油	18850	25.01	18850	25.01	20150	26.12
中国海油	4005	5.31	3850	5.11	4850	6.29
其他企业	25287	33.56	24766	32.85	24226	31.40
煤基油品企业	380	0.51	1080	1.43	1080	1.40
外资企业	824	1.09	824	1.09	824	1.07

数据来源：中国石油集团经济技术研究院。

表 1-3 2015—2017 年中国分区炼油能力构成

地 区	2015 年		2016 年		2017 年	
	炼油能力 （$10^4 t/a$）	占全国比例 （%）	炼油能力 （$10^4 t/a$）	占全国比例 （%）	炼油能力 （$10^4 t/a$）	占全国比例 （%）
华北	27172	36.05	26976	35.78	26746	34.67
东北	12249	16.25	12369	16.41	12289	15.93
华南	11380	15.10	11380	15.09	12380	16.05
华东	10115	13.43	10115	13.42	10115	13.11
西北	8510	11.29	8610	11.42	8610	11.16
华中	4740	6.29	4740	6.29	4510	5.85
西南	1200	1.59	1200	1.59	2500	3.24
合计	75366	100	75390	100	77150	100

表 1-4 目前国内正在建设的大型炼化一体化项目

项 目		炼油能力（$10^4 t/a$）	乙烯生产能力（$10^4 t/a$）
恒力石化	一期	2000	—
	二期	—	150
浙江石化	一期	2000	140
	二期	2000	140
盛虹石化		1600	110
恒逸文莱 PMB	一期	800	—
	二期①	1400	150
中科炼化	一期	1000	80
	二期②	1500	100
中化泉州石化	二期	300	100
古雷炼化	一期	—	80
	二期	1600	120
中国石油广东石化		2000	120

续表

项　　目		炼油能力（10^4 t/a）	乙烯生产能力（10^4 t/a）
华锦阿美石化		1500	150
埃克森美孚惠州	一期	—	乙烯：120 丙烯：80
	二期	—	120
巴斯夫湛江一体化项目		—	100
旭阳石化		1500	120
锦江石化		1000	150
中国石化镇海炼化	二期	1500	120
中国石化海南炼化	二期	500	—
裕龙岛大炼化（一期）		2000	—

① 恒逸文莱 PMB 石化项目二期的烯烃/聚烯烃布局来源于公开消息，实际方案以最终可研及公司公告为准。

② 中科炼化二期的烯烃/聚烯烃布局来源于相关规划的公开信息，实际方案以最终可研及公司公告为准。

国内炼化产业呈现以下发展趋势：

（1）国内炼油能力持续增长，主要来源于民营企业。

2015—2018 年，民营企业新增炼油能力占比 50% 以上，从之前的以三大国企为主转变为民营为主、国有为辅。

（2）地方炼厂继续加快发展，对国内炼油业影响进一步加大。

预计到 2020 年，国内恒力石化、舟山石化、盛虹石化 3 个民营炼化一体化项目陆续建成，地方炼厂产能将达到 $2.3×10^8$ t/a[6]。

（3）炼厂继续转型升级，由大走强。

随着世界炼油产业一体化的发展大趋势，国内炼油产业继续向大型化、炼化一体化、园区化、基地化建设发展，助推炼油工业实现智能化、数字化。随着环保要求越来越高，国内油品质量将逐步提升，同时加强大气污染、水污染的防治行动，实现节能减排、绿色发展。

三、国内炼化产业面临的问题

中国炼化产业发展形势依然严峻，虽然炼化企业在经济增速放缓的大环境下实行了一系列优化措施，但是仍然面临着炼油产能结构性过剩加剧、成品油消费放缓、出口竞争加剧、民营炼化企业出现分化式发展格局、炼化企业转型迫在眉睫、炼化企业技术创新能力不足、炼化企业环保压力只增不减以及炼化企业安全问题不容忽视等问题[9]。随着国内油价增长的趋势愈演愈烈，成品油消费及出口难度加大，这将导致中国炼化产业面临更加艰难的境地。

（一）炼油产能结构性过剩加剧

国家"十三五"期间打造的四大先进炼油产业营地，完成后炼油能力高达 $1.3×10^8$ t/a，而目前国内炼油产能达 $8.31×10^8$ t/a，按现在的投资计划，未来还将有超过 $3×10^8$ t 的产能投放，按照 80% 的产能过剩临界点与 63% 成品油收率核算，未来每年的成品油过剩量将达 $1.5×10^8$ t 左右。预计 2020 年前后中国的炼油能力将高达 $9×10^8$ t/a，这将加剧炼油产能的过剩情况。

中国的炼油产能过剩不仅仅指的是炼油的规模效应突出，其存在的结构性过剩也应引起极大关注。首先，中国的炼油产能存在分布不均的情况。国内大型石油集团的炼化企业多布局在大型油田周围，出现了以东部为主、北油南运、西油东调的局面，各个地区之间经济发展水平以及禀赋等差异，导致炼油产能分布不完善。其次，清洁油品生产能力不足。中国雾霾的持续泛滥需要考虑的首要原因即为能源消费的问题，高污染低品质的成品油消费导致污染加剧，中国炼油厂对于低污染高附加值的油品生产能力不足，仍是以生产低端油品为主，同时清洁技术不够娴熟，不能够减轻污染情况。最后，炼化企业技术革新能力较弱。生产装备的陈旧以及清洁技术掌握不到位导致油品质量较差，大部分炼化企业依然出现资源利用率较低、能源消费较高的情况。虽然近几年在石油化工方面取得了一些成绩，但距离发达国家依然有较大差距。

如何解决炼油产能过剩情况依然是一个重大难题。从目前成品油行业环境看，中国经济增速的回落导致成品油消费增长速度的下降；政府加大环保监管力度，包括对新能源汽车的政策支持等，使成品油消费的替代冲击力度不断加大；高铁、地铁、轻轨等轨道交通也在替代成品油消费；东南亚、中东一些国家也在加快大型炼化项目建设，影响了中国的成品油出口，因此仅仅依靠消费及出口并不能解决产能过剩问题。

（二）成品油消费放缓，出口竞争加剧

由于国内炼油产能总体过剩，且行业内部替代燃料发展迅速，造成了对成品油市场空间的挤压。目前"先污染后治理"的老路在中国已行不通，环保意识的增强以及对于优良环境的需求使得人们开始大力追求清洁能源的使用，中国替代燃料呈现多元化趋势，逐渐形成了以天然气为主，电动车、甲醇、生物燃料及煤制油等多种形式共同发展的格局。预计"十三五"期间，电动车将快速发展，替代燃料占成品油消费比重将从目前的接近 6.5% 上升至 10.5% 左右。

替代燃料的消费以及油价的上涨导致成品油消费逐步减少，石油需求增速放缓，2025—2030 年将达 $7×10^8$ t/a 左右峰值，可能较长时间维持在 $6.5×10^8$ t/a 以上，汽油峰值可能在 2025 年前后到来，峰值在 $1.8×10^8$ t/a 左右，柴油目前已处于平台期，需求量在 $1.7×10^8$ t/a 左右，落后产能转型、退出不可避免。

同时，全球炼油产能重心东移，中国成品油出口竞争加剧。近年来，跨国石油公司加快在油气资源国和新兴市场布局大型炼油项目，中东部分资源国和印度大力发展外向型炼油产业，中国周边一些传统成品油进口国也在发展自己的炼油产业，这将导致中国成品油出口量大幅减少，未来北亚成品油市场竞争将日趋激烈。不仅外在竞争加剧，国内的炼化企业将承受更多成本价格的压力，环境制度的实施提高了炼化企业的生产成本，减弱了其在国际市场的竞争力。

（三）民营炼化企业出现分化式发展格局

总体来看，中国民营炼化企业的市场份额在逐步增大。截至 2017 年底，民营炼化企业产能占全国炼油总产能的 24.4%，而在 2013 年该数据为 22.5%。在民营炼化企业获得进口原油配额和使用权、原料难题解决之后，装置开工率大幅提升。民营炼化企业一次装置开工率在 2013 年仅为 40% 左右，而到 2017 年已经提升至 64% 左右；国有炼厂的一次装置开工率由 2013 年的 87% 降至 2017 年底的 77%。未来几年，随着几个民营炼化一体化项目的陆续投产，民营炼化企业的市场份额存在进一步增大的可能。

2018 年 7 月曾入选"山东民企百强榜"排名前列的一家民营炼化企业已正式向法院申请破产。在荣盛石化、恒力石化、盛虹石化等民营炼化龙头企业纷纷建设大型炼化项目，加速扩张，在让国有企业感到压力的同时，在产能过剩、加紧淘汰落后产能和民营企业税收政策收紧的情况下，中小民营炼化企业的生存压力不断增加，淘汰速度也在加快。大的越强、小的越弱，国内民营炼化企业出现冰火两重天的分化式发展格局。

中国炼油行业的产能过剩，不能靠消费增量与出口来解决，优胜劣汰是必经之路，而在市场淘汰的过程中，首当其冲的是规模小、工艺技术落后、实力弱的中小型民营企业。中小型民营炼化企业除受到产能过剩带来的巨大压力外，目前还受到其他不利因素的影响，比如各大银行收贷导致中小型民营炼化企业资金压力加大；政府在对炼厂环保、安检方面要求提升的同时加大监管力度，导致中小型炼厂生产成本大幅提升。

与此同时，大型民营炼化企业却在加快做大做强，希望实现快速超越。民营炼化企业建设的大型项目都是在千万吨炼油、百万吨乙烯以上的规模，装置工艺技术比较先进，特别是在装置的自动化与能耗方面较具优势，平均成本比传统炼厂低 20% ~ 40%，而且大型炼化企业资金充足，选址更为合理，有原料进购的港口、管输及仓储条件等方面的便利优势，原料的储运成本不及普通炼化企业的 1/3。大型炼化企业希望依靠成本优势快速抢占市场份额，进而实现快速超越，这更加加大了小型炼化企业的生存难度，加快了其撤离市场的速度。

目前，民营炼化企业正进入快速发展阶段。处于头部的大型民营炼化企业无论从人才储备、资金沉淀、管理、风险控制方面均较之前有很大改观，实力大大增强，处于快速壮大发展期，给国有炼化企业带来了越来越多的竞争压力。当然，民营炼化企业板块内部正出现"强者更强，弱者淘汰"的两极分化的发展局面。目前中国炼化产业的政策是放开规模大、技术先进项目的投资，通过市场竞争淘汰落后产能，推动产业升级发展。如何提高竞争力、避免被淘汰是摆在中小型民营炼化企业面前的一个严峻问题。

（四）高端化发展需求迫切，炼化企业转型迫在眉睫

伴随着国内石油消费的增长，近年来中国炼油产能迅速扩张，已呈现产能严重过剩局面，开工率远低于世界平均水平。预计 2020 年，中国炼油能力将达到 $9.0×10^8 t/a$，届时过剩产能将达 $(1.1~1.3)×10^8 t/a$，产能过剩态势进一步恶化。炼油能力过剩也将进一步加剧中国成品油供过于求的矛盾，国内成品油市场进入了充分竞争时代，将更多地参与国际市场的竞争。

同时，中国炼化行业也面临着成品油消费增速放缓、消费柴汽比持续下降的问题。总体来看，中国柴油消费量基本达到峰值，2020 年前将基本保持在 $1.75×10^8 t/a$。预计中国汽油消费量在 2025 年左右达到峰值，可达 $1.7×10^8 t/a$；航空煤油消费量则将持续增长，由 2017 年的 $3345×10^4 t$ 增长到 2020 年的 $4000×10^4 t$，并逐步上升到 2030 年的 $6000×10^4 t$。未来中国成品油消费将保持较低增速，消费柴汽比将进一步下降，预计 2030 年将下降至 1.1 : 1。另外，炼化企业也面临着化工产能（尤其是高端产能）不足、市场参与主体多元化、新能源汽车等交通替代快速发展等严峻挑战，炼化结构转型升级迫在眉睫。

（五）炼化企业技术创新能力不足

炼化企业要想增强其核心竞争力，实现企业可持续发展，必然需要加大技术创新力度。目前，炼化企业为促进企业生存和发展，将技术创新作为重要支撑，建立健全技术创新体系，比如设立研究院和技术创新部门，同时营造良好的技术创新氛围，落实创新资金，加大创新投入，引进技术创新设备，为技术革新提供扎实的物质条件，注重创新人才的培养，调动科研人员的创新积极性，制定激励政策吸引人才，推动炼化企业技术创新进一步发展。虽然技术创新取得了显著成效，但是依然存在问题及不足：部分炼化企业零专利，技术单一，优势不够明显，同时炼化企业的产业链较长，产品种类较多，企业层面的技术创新缺乏具体的战略规划，影响技术创新的推进。另外，炼化企业技术创新水平有待提高。企业旨在追求利润最大化，因此会导致企业研发者急功近利，短时间内完成技术研发，技术要求高、时间跨度大、前景好的项目却难以起步，从而导致原创性的革新成果较少，大部分致力于重复引进。近年来，炼化企业同其他行业企业一样，大力重视人才引进，但是炼化企业的技术创新队伍却出现结构层次不合理现象，一些高学历的毕业生直接进入研发部门，没有实战经验，而具备经验的技术人员却离不开生产岗位，不能进入研发部门进行科研创新。因此，人员配备的不合理直接影响了炼化企业技术革新的开展。

（六）炼化企业环保压力只增不减

由于中国炼化企业大部分属于低端炼油，其产品污染力较强，从而会造成中国环境压力增大。目前，中国汽柴油质量清洁化步伐不断加快，汽柴油质量标准已经与欧美等发达国家接轨。自 2017 年 1 月 1 日起，中国开始全面实施国 V 汽柴油质量标准，北京开始实施京 VI 标准；自 2019 年 1 月 1 日起，中国全面实施国 VI 汽柴油质量标准，其中汽油执行 A 阶段标准，汽油 B 阶段标准将于 2023 年 1 月 1 日起开始实施。中国炼化企业除生产满足质量标准要求的油品外，还需要不断优化产品结构，提升高标号汽油、航空煤油等高附加值产品比例。未来，随着国家政策、汽车发动机技术升级等变化，中国油品质量升级步伐将持续下去，油品质量的改善将会缓解环保压力，有利于炼化企业可持续发展。

"建设美丽中国，推进绿色发展"是十九大提出的发展目标。炼化生产向安全清洁绿色高效生产转型，是企业实现可持续发展的需要。中国密集出台了一系列安全环保法规，监管日趋严格，行业发展约束增大，中国炼化行业必须积极应对，合法合规经营，同时要继续加大安全环保、节能降耗等方面的资金投入，例如应用更先进的环保技术，提高企业环保指标等。

（七）炼化企业安全问题不容忽视

国内炼化企业在国际上的竞争趋势日益明显，各类安全事故时有发生，使得国内炼化企业的安全管理问题面临着严峻的挑战。石油的使用便利了人们的日常出行，但是其炼化过程中所隐藏的危险性是无法估计的，石油炼化过程中所需要的高温高压、易燃易爆等特殊条件，导致其安全问题不容忽视。近年来，安全事故的频繁发生，导致炼化企业的安全管理问题再次成为所关注的重点问题，虽然国内炼化企业一直在进行相关努力和探索，但安全性问题依然步履维艰。

炼化企业的安全问题应引起极大关注，应当不断增强员工的安全意识，提高企业的管理水平，最大限度地减少安全事故的发生，给企业员工一个安全保障，更好地实现炼化企业的安全管理以及可持续发展。

第三节　炼化工程项目风险损失

炼化工程项目工艺流程复杂、危险介质多、工艺高温高压、生产设备设施条件要求高等特点，决定了行业本身固有的高风险性。在炼化工程的发展过程中，各种损失事故频频发生，不仅造成了重大的财产损失，更为严重的是造成人员死亡、伤亡，还会引发一系列环境破坏问题、社会责任问题，下面仅列举几个国内部分炼化工程风险事件：

（1）2002年2月23日，某烯烃厂聚乙烯车间一玻璃视镜破裂，导致乙烯气体泄漏发生爆炸事故，经查该视镜为劣质产品且施工完成未进行打压试验，事故造成8人死亡、1人重伤、18人轻伤。

（2）2003年9月12日，某炼油厂常减压蒸馏装置组织开车过程中，减压炉点火引发爆炸事故，事故造成3人死亡、1人重伤、5人轻伤，直接经济损失45万元。

（3）2004年10月20日，某炼油厂酸性水汽提装置原料水罐动火切割时发生爆炸，事故造成7人死亡。

（4）2005年11月13日，某石化厂苯胺车间发生火灾和爆炸，事故造成8人死亡、1人重伤、59人轻伤，直接经济损失6908万元。

（5）2006年12月11日，某炼化厂停工动火焊接丁烷蒸发器蒸汽凝结水管线时，凝结水罐发生爆炸，经查该丁烷蒸发器存在内漏，导致凝结水罐积聚大量可燃气体，事故造成3人死亡。

（6）2010年1月7日，某石化公司裂解碳四储罐底部出口管线开裂泄漏大量碳四物料，导致罐区发生爆炸火灾，经查该管线弯头材料存在内在缺陷，事故造成6人死亡、6人受伤。

（7）2010年11月28日，某炼油厂新建脱硫及硫黄回收装置污水提升池在联动试车过程中发生闪爆，事故造成2人死亡、1人轻伤。

（8）2011年2月20日，某石化企业罐区轻污油罐在试车保证期内因设计错误及工艺不善引发爆炸事故，直接经济损失90万元。

（9）2013年6月2日，某石化公司在更换储罐平台板踏步作业过程中，发生一起爆炸火灾事故，造成4人死亡，直接经济损失697万元。

（10）2017年11月30日，某炼油厂在换热器检修作业中发生事故，造成5人死亡、16人受伤(其中3人重伤)。

各类重大事故的发生给人民生命和财产造成了巨大的损失，给项目管理人员、设计人员、施工人员及操作人员等敲响了警钟。对炼化工程进行系统的风险研究，根据风险评估结果，选择有效的风险管理措施成为炼化行业的重中之重。

风险管理是企业根据自身及外部环境、企业发展方向，采取自留、规避、转移、控制等适合的风险管控措施[7]。炼化行业作为高危险能源行业，关系到国家安全、企业人员安全和区域安全，因此石化行业实施了较为严格的管理制度和体系，国家也出台了很多针对性的行业标准。从项目建议书开始，到项目建设、项目投产、项目运营各阶段都严格按照规范执行，有效管控行业和企业的风险。一般大型炼化企业都有自己的HSE管理体系，通过事前分析和风险评估，确定经营过程中可能存在的风险及风险造成的影响，同时提出有效的预防手段及应急预案[8]。

保险是风险转移的一种非常重要的财务型技术。炼化工程一旦发生意外事故或遭受自然灾害，通常会造成企业多方面损失，包括：机器设备、生产装置、建筑物损坏等物质损失；因泄漏、爆炸导致的人身伤亡、物质损失及污染等责任，以及巨额第三者索赔损失等。面对复杂的物质损失和责任风险，国际炼化企业通常借助投保建筑安装工程一切险、货物运输险、施工机具险、雇主责任险等转移部分风险，此部分将在后面详细介绍。

第四节 炼化工程项目保险状况

工程建设是中国经济发展的基石，建设项目往往投资高、规模大、工期长、影响广，在建设过程中普遍存在风险。建筑安装工程保险是工程风险转移最常用的方法之一。建筑安装工程项目风险是指建筑安装工程项目在设计、施工和竣工验收等阶段可能遭到的风险。由于建筑安装工程从立项到完工需要经历一个比较长的周期。已有的研究表明，项目的启动和计划阶段是风险的高发阶段，但此时风险仅处于隐患阶段，不会对项目造成太大的危害，是项目风险控制和规避的最好时期，也是关乎项目成败的关键阶段，需要项目管理人员投入更多的精力和关注。

在国外，建筑安装工程保险已成为工程项目管理的重要组成部分，是工程目标顺利实现的保障。1945 年，国际咨询工程师联合会（FIDIC）将工程保险列入施工合同条件。在国内，建筑安装工程保险指在工程施工阶段的保险，是以承包合同价格或概算价格作为保险金额，以重置基础进行赔偿的，对在整个建筑安装期间，由于保险责任范围内的危险造成的物质损失、列明的费用以及被保险人对第三者依法应承担的赔偿责任予以赔偿的保险。新建、扩建或改建的各类建筑安装工程均可作为建筑安装工程保险的承保对象，也包括新建、扩建或改造的工矿企业的机器设备或钢结构建筑物的安装、调试工程。目前，许多国家实施了强制保险，对规范建筑安装市场起到了非常重要的作用。国际大型石油公司对企业风险高度重视，保险管理模式及保险策略比较先进，一般都有专门的保险管理部门，对保险进行集中管理[9]。

国内对工程保险建设的研究起步较晚。自 1979 年，中国人民保险公司拟定第一份建筑工程一切险的条款及保单，中国建筑工程保险有了较大发展，但仍然存在一些亟待解决的问题[10]。由于大型炼化项目具有建设周期长、投资高、涉及相关方多、风险因素高等特点，在工程项目建设过程中投保工程保险已成为行业共识。工程保险是对工程在建设过程中可能出现的自然灾害和意外事故造成的物质损失和第三者责任进行经济赔偿。工程保险具有以下特点：

（1）工程保险承保风险处于动态变化中。

工程保险承保的是从工程施工至试车期结束阶段的风险，整个过程一直处于动态变化中，建设各阶段风险都有其自身特点，风险因素错综复杂。随着工程建设进度的不断推进，物质损失部分的保险标的价值也发生变化，保险金额处于动态变化中。

（2）工程保险涉及相关方多。

工程建设涉及的相关方有业主、总包商、分包商、监理、供货方、设计单位等，他们都有可能成为工程保险的被保险人。

（3）工程保险期限长且具有不确定性。

大型炼化项目施工期限较长，一般至少在 3 年以上，并且施工过程风险因素较多，有时因为施工中出现较大问题还会造成工期延长。

第二章　炼化工程项目概述

第一节　炼化工程项目管理模式

一、国外大型炼化工程项目管理模式

工程项目管理一般包括项目规划、勘察设计、采购、施工、试车、竣工验收和考核评价等阶段。

发达国家炼化工程项目管理模式主要经历了业主自行管理模式（DBB 模式）、业主全权交付承包商管理模式（工程总承包模式）及业主委托项目管理公司管理模式（专业化机构项目管理）三个历程[11]。另外，政府和私人机构之间还有一种公共设施及服务私营化模式。

炼化工程项目最初的管理模式是设计—招标—建造模式，又被称为业主自行管理模式，在该模式中业主主动参与到项目的各个过程中，自身承担了项目很大的风险，项目管理成本的高低取决于业主自身的管理成熟度，随着炼化工程的发展大型化和复杂化，需要的管理能力水平越来越高，DBB 模式越来越少被采用。

炼化工程项目管理模式发展的第二个阶段是业主全权交付承包商管理模式（EPC 管理模式），该模式起源于 20 世纪 60 年代的美国，系承包项目公司受业主委托，按照合同约定承包工程建设的设计、采购、施工和试运行服务等。这种模式减少了项目建设期间双方的沟通失误和思路上的不一致，全权建设由项目承包商负责，业主将项目管理建设风险大部分转移给承包商，大大降低了项目的管理成本。

炼化工程项目管理模式发展的第三个阶段是业主委托项目管理公司管理模式（PMC 模式），PMC 模式又被称为代建制，是目前国际上通用的一种工程建设管理模式[89]。PMC 模式是指业主通过主动招标的方式聘请项目管理公司，对项目行使全部建设项目管理职责。PMC 模式是在 EPC 模式的基础上发展起来的，是炼化工程项目在大型化、复杂化后，业主管理知识与水平不足导致无力参与项目管理而出现的[90]。PMC 模式和 EPC 模式相结合，符合当前炼化产业的发展趋势，实现了业主、PMC、EPC 各方的共赢，是目前国际上最流行的大型炼化工程项目管理模式。下面对这几种项目管理模式进行详细介绍。

（一）传统项目管理（Design-Bid-Build，DBB）模式

业主将设计、施工分别委托不同单位承担，自行采购全部或部分项目设备及材料。该模式的核心组织为"业主—咨询工程师—承包商"，由业主委托相关咨询单位完成前期可研工作，待设计基本完成后以招标的方式选择施工承包商（图 2-1）。业主自行组织项目管理团队进行管理，需要承担很大的管理责任与风险，对业主能力要求非常高。这种模式存在项目管理成本高、项目进度慢的风险，随着炼化工程大型化、复杂化的发展趋势，这种模式已逐渐被淘汰。

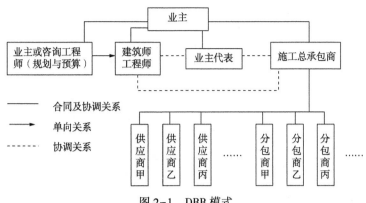

图 2-1 DBB 模式

(二) 工程总承包项目管理(Engineering-Procurement-Construction，EPC)模式

EPC 指工程总承包商负责项目的设计、采购、施工以及调试运行指导等工作，对工程的质量、进度、安全、成本等进行全面管理，也称为交钥匙工程[12]。目前，大型炼化厂一般采用此种模式。

在 EPC 模式(图 2-2)中，Engineering 不仅包括具体的设计工作，而且可能包括整个建设工程内容的总体策划以及整个建设工程实施组织管理的策划和具体工作；Procurement 也不是一般意义上的建筑设备材料采购，而更多的是指专业设备、材料的采购；Construction 应译为"建设"，其内容包括施工、安装、试测、技术培训等。

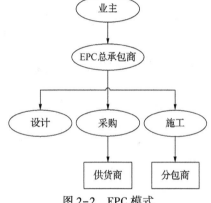

图 2-2 EPC 模式

(三) 专业化机构项目管理(Project-Management-Contracting，PMC)模式

该模式是目前国际通用的一种工程建设管理模式，也称为代建制，是指业主委托专门的工程项目管理公司行使全部管理职能。此种模式下，业主和施工承包商之间不存在合同关系，而是由工程项目管理企业代替业主签订合同，同时还负责相应的施工管理工作(图 2-3)[12]。PMC 模式是在炼化工程大型化一体化的发展趋势下出现的一种管理模式，这种模式可以实现业主、PMC 管理公司、EPC 总承包商的协同管理，近 20 年来得到了快速的发展，应用范围也越来越广。

(四) 公共设施及服务私营化模式

1. BOT(Build-Operate-Transfer) 模式

政府许可其融资建设和经营特定的公用基础设施，通过特许权协议授予私营企业以一定期限的特许专营权，并准许其向使用者收费或销售产品[13]。经营者在此期间回收成本并获得利润，待该特权到期后再将设施无偿移交政府。BOT 模式如图 2-4 所示。

2. PFI/PPP 模式

政府与国营、民营或外资企业签订合作协议，企业利用自身资金、人员、技术和管理优势，代替政府进行建设、经营和管理某些基础设施或其他公共服务设施，PFI 模式中民营企业还要负责融资和经营。PPP 模式如图 2-5 所示。

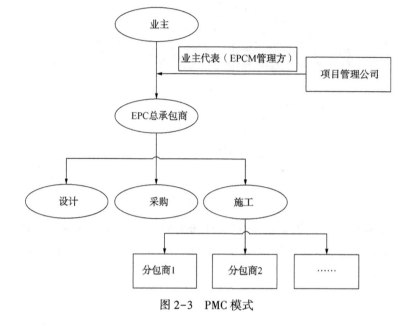

图 2-3　PMC 模式

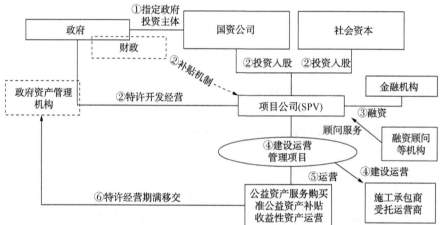

图 2-4　BOT 模式

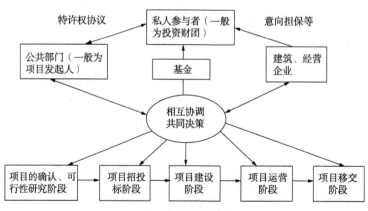

图 2-5　PPP 模式

二、国内大型炼化工程项目管理模式

国内各大石油炼化企业在吸取国外先进项目管理模式的基础上，结合自身特点也形成了具有自身特色的工程建设方式[14]。除 EPC 模式外，还有以下管理模式。

(一) "IPMT+EPC+工程监理"管理模式

上海赛科 $90×10^4$ t/a 乙烯工程最先采用了这种管理模式，从项目前期、定义和实施三个阶段创造性地采用了一体化项目管理团队（Integrated-Project-Management-Team，IPMT）管理模式，在项目建设的安全、质量、进度、技术和费用控制等方面取得了巨大的成功[15]。

IPMT 指业主与项目管理承包商组织结构一体化，设计、采购、施工一体化以及目标一体化[16]。此种模式下，业主和项目管理单位能够发挥自身优势，更有利于完成项目管理目标。IPMT 主要职能如下[17]：

(1) 代表业主管理项目前期规划、招标、开车调试、竣工验收等工作。

(2) 代表业主筛选相关咨询、EPC 承包及监理单位，并对各单位的工作进行管理。

(3) EPC 工程承包单位执行工程设计、采购、施工及试运行等工作。

(4) 协调监理单位，对工程进度、质量进行监督。

(二) "PMT+PMC+EPC"总承包模式(图 2-6)

PMT（Project-Management-Team）是由业主方成立的项目管理团队，对项目全过程进行宏观管理，一般 PMT 与 PMC、EPC 之间为合同关系。PMC 与 PMT 之间管理权限的划分取决于 PMT 团队的能力，若 PMT 管理和技术能力弱，则主要由 PMC 承担工程管理和技术工作；若 PMT 自身管理及技术能力较强，则 PMC 可以仅提供支持[18,19]。

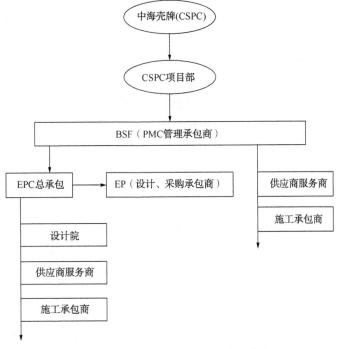

图 2-6　"PMT+PMC+EPC"总承包模式

第二节　炼化工程项目特点及过程

一、炼化工程项目特点

炼化工程在中国经济发展过程中占据重要一环，是中国的支柱产业之一[84]。炼油化工行业属于高危行业，它的主要特点是易燃易爆、有毒有害等。

炼化工程是与炼油工业、石油和化工发展息息相关的服务型产业[85]。随着中国经济和科技的发展，国内对能源市场的需求也越来越大，炼化一体化、装置大型化程度也随之不断提高，当前中国的炼化工程处于由大变强的战略机遇期，炼化工程的主要建设项目是淘汰老化装备、传统工艺，加快炼化装置更新和产品结构调整。

根据中国当前炼化工程的发展趋势，炼化工程呈现以下特点[86]：

（1）炼化工程中的安全风险因素较多。

为了保证炼化的质量和效率，炼油化工的工艺复杂，需要的条件和标准很高，再加上炼化行业易燃易爆、有毒有害的特点，导致工程施工中会产生很多安全问题。炼化工程的设备中大多数是易燃易爆气体，在建设过程中一旦发生气体泄漏，十分容易发生爆炸火灾事故；炼化工程施工作业时，由于是大型设备，施工作业人员往往需要进行高空作业，容易因为违规操作而造成人员伤亡。

（2）炼化工程质量标准严格。

炼化工程操作条件多为高温、高压，物料多具有易燃易爆特性，由于以上特点，为了保证工程能够安全顺利进行，对于工程作业有着严格的质量要求和安全标准。炼化工程的设计方案是根据投资方的需求来决定的，在建设和生产产品的过程中所用到的材料、设备、工艺、结构等会随着不同的产品变化而变化，炼化工程的设计具有多样性。

（3）炼化工程中技术更新较快。

由于当前炼化行业发展趋势是炼化一体化、装置大型化，因此对于炼化工程项目也提出了新要求，随之而来的就是建设新技术、新材料、新装备。随着炼化工程技术的革新，炼化工程的质量、进度、成本都得到了优化和提升。

（4）炼化工程施工的难度较大。

炼化工程涉及多个专业的知识，涉及多方面的安装技术。例如，最具有代表性的就是管道安装和大型设备安装。在炼油化工中，对于管道施工的要求十分高，因为管道中大多数是易燃易爆、有毒有害的气体，并且有些项目对管道的设计压力有要求，最高可达到15MPa，因此炼化工程中对管道的材料和安装气密性等有着严格的要求。大型设备设施安装会涉及大型吊车作业，因此极易发生事故，甚至导致财产损失和人员伤亡。相比传统的工程施工，炼化工程要求更高，因此带来的施工难度也更大，对施工团队的管理要求更高[87]。

（5）炼化工程的固定性。

土地是构成炼化装置的组成部分，炼化装置的设备、管线等都必须固定在一定的地基上，与土地紧密地连接在一起。由于炼油化工的特性，工程从动工至建成始终固定在一个地方。

（6）炼化工程的长期性。

炼化工程的长期性主要体现在工程设计阶段和施工建设调试阶段。炼化工程设计阶段的时间与炼化工程项目的大小有关，平均时间为一到两年。炼化工程施工的好坏是通过动态运行考核来判定的，对于建筑安装工程，要验证是否满足建筑物设计的性能要求；对于工业安装工程，要验证是否满足工艺生产的要求。

（7）炼化工程的苛刻性。

炼化工程苛刻性体现在两方面：一是炼化工艺生产所需条件苛刻，例如高温高压，介质易燃易爆；二是炼化工程环境苛刻，某些炼化工厂设立在荒无人烟的地区，自然条件险恶。

二、炼化工程建设过程

建设工程项目是指为完成依法立项的新建、扩建、改建等各类工程的过程，包括筹划、可研、勘察、设计、采购、施工、投产试运、竣工验收和考核评价等一系列过程。

炼化工程前期可研阶段是对项目的主要建设内容及外部条件，如建设规模、工艺技术、市场分析、环境评价、资金来源、投资回收等，从技术、经济、工程等方面进行可行性论证。同时，对项目建成后带来的经济效益和社会效益进行全面评价，为项目决策提供一种综合性的方法。

炼化工程建设施工阶段主要任务包括土建、钢结构、设备和管道安装及调试、电气仪表安装及调试等[88]。炼化工程调试阶段分为单体调试和试车联运，在炼化工程施工阶段要经过 72 小时调试阶段，72 小时内设备正常运转才能交付给业主方。

建设工程项目具有以下特点：

（1）建设项目的时效性。具有一定的起止日期，即建设周期的限制，也即特定的工期控制。

（2）建设项目地点的特定性。不同的建设项目都是在不同地点、占用一定面积的固定场所进行的。

（3）建设项目目标明确性。建设项目以形成固定资产、形成一定的功能、实现预期的经济效益和社会效益为特定目标。

（4）建设项目的整体性。在一个总体设计或初步设计范围内，建设项目是由一个或若干个互相有内在联系的单项工程所组成的，建设中实行统一核算、统一管理。

（5）建设过程程序性和约束性。建设项目的实施需要遵循必要的建设程序和经过特定的建设过程，并受工期、资金、质量、安全和环境等方面的约束。

（6）建设项目的一次性。按照建设项目特定的目标和固定的建设地点，需要进行专门的单一设计，并应根据实际条件的特点，建立一次性的管理组织进行建设施工，建设项目资金的投入具有不可逆性。

（7）建设项目的风险性。建设项目必须投入一定的资金，经过一定的建设周期，需要一定的投资回收期。其间的物价变动、市场需求、资金利率等相关因素的不确定性会带来较大风险。

炼化工程建设基本程序一般包括三个时期、七个阶段。三个时期是指投资决策时期、建设时期和交付使用期(生产时期)。七个阶段是指项目建议书阶段、可行性研究阶段、设计工作(初步设计、施工图设计)阶段、施工建设准备阶段、建设实施阶段、竣工验收阶段和后评估阶段。中小型工程建设项目可以视具体情况简化程序。

(一) 项目建议书阶段(含评估立项)

项目建议书是由投资者(项目建设筹建单位),根据国民经济和社会发展的长远规划、行业规划、产业政策、生产力布局、市场、所在地的内外部条件等要求,经过调查、预测分析后,对准备建设项目提出的大体轮廓性的设想和建议的文件,是对拟建项目的框架性设想,是基本建设程序中最初阶段的工作,主要是为确定拟建项目是否有必要建设、是否具备建设的条件、是否需做进一步的研究论证工作提供依据。

项目建议书的主要作用是为了推荐一个拟建项目的初步说明,论述它建设的必要性、重要性、条件的可行性和获得的可能性,供投资者选择确定是否进行下一步工作。

国家规定,项目建议书经批准后,可以进行详细的可行性研究工作,但仍不表明项目非上不可,项目建议书不是项目的最终决策。

该阶段分为以下几个环节:

(1) 编制项目建议书。项目建议书的内容,视项目的具体情况繁简各异,其内容一般应包括以下几个方面:

① 建设项目提出的必要性和依据。

② 产品(生产)方案、拟建规模和建设方案的初步设想。

③ 建设的主要内容。

④ 建设地点的初步设想情况、资源情况、建设条件、协作关系等的初步分析。

⑤ 投资估算和资金筹措及还贷方案设想。

⑥ 项目进度安排。

⑦ 经济效益和社会效益的估计。

⑧ 环境影响的初步评价。

项目建议书由建设单位负责组织编制,编制完成后按规定报批。

(2) 办理项目选址规划意见书。项目建议书编制完成后,项目筹建单位应到规划部门办理项目选址规划意见书。

(3) 办理建设用地规划许可证和工程规划许可证。

(4) 办理土地使用审批手续。

(5) 办理环保审批手续。

在开展以上工作的同时,可以做好以下工作:进行拆迁摸底调查,并请有资质的评估单位评估论证;做好资金来源及筹措准备;准备好选址建设地点的测绘。

(二) 可行性研究阶段

项目建议书批准后,进行可行性研究工作。

可行性研究是对项目在技术上是否可行和经济上是否合理进行科学的分析和论证。通过对建设项目在技术、工程和经济上的合理性进行全面分析论证和多种方案比较,提出评价意见,推荐最佳方案,形成可行性研究报告。

承担可行性研究的单位应由经过资格审定的适合本项目的等级和专业范围的规划、设计、工程咨询单位承担。

(1) 可行性研究报告的编制。可行性研究报告一般具备以下基本内容:

①　总论：报告编制依据(项目建议书及其批复文件、经济和社会发展规划、行业发展规划、国家有关法律、法规、政策等)；项目提出的背景和依据(项目名称、承办法人单位及法人、项目提出的理由与过程等)；项目概况(拟建地点、建设规划与目标、主要条件、项目估算投资、主要技术经济指标)；问题与建议。

②　建设规模、产品(生产)方案、市场预测和确定的依据。

③　建设标准、设备方案、工程技术方案：建设标准的选择；主要设备方案的比较选择；工程方案的比较选择。

④　资源、原材料、燃料供应、动力、运输、供水等协作配合条件(外部条件)。

⑤　建设地点、占地面积、布置方案：总图布置方案及比选；场外运输方案。

⑥　项目设计方案、公用工程与辅助工程方案。

⑦　环境影响评价；劳动安全卫生与消防分析。

⑧　节能、节水措施。

⑨　组织机构与人力资源配置(劳动定员及人员培训)。

⑩　项目实施进度：建设工期；实施进度安排。

⑪　投资估算及融资方案。

⑫　财务评价。

⑬　经济效益、社会效益评价。

⑭　风险分析：项目主要风险识别；风险程度分析；防范风险对策。

⑮　研究结论与建议：推荐方案总体描述；推荐方案优缺点描述；主要对比方案；结论与建议。

⑯　附图、附表、附件。

（2）可行性研究报告的报批。

报告编制完成后，建设单位按规定进行报批。

可行性研究报告经批准后，不得随意修改和变更。如果在建设规模、建设方案、建设地区或建设地点、主要协作关系等方面有变动以及突破投资估算时，应经原批准机关同意重新审批。经过批准的可行性研究报告，是确定建设项目、编制初步设计文件的依据。

可行性研究报告批准后即表示同意该项目可以进行建设，但何时列入投资计划，要根据其前期工作的进展情况以及财力等因素进行综合平衡后决定。

（3）到国土部门办理土地使用证。

（4）办理征地、青苗补偿、拆迁安置等手续。

（5）地勘。根据可研报告审批意见委托或通过招标或比选方式选择有资质的地勘单位进行地勘。

（6）报审市政配套方案。报审供水、供气、供热、排水等市政配套方案，一般项目要在规划、建设、土地、人防、消防、环保、文物、安全、劳动、卫生等主管部门提出审查意见，取得有关协议或批件。

对于一些各方面相对单一、技术工艺要求不高、前期工作成熟的教育、卫生等方面的项目，项目建议书和可行性研究报告也可以合并，一步编制项目可行性研究报告，也就是通常说的可行性研究报告代项目建议书。

（三）设计工作阶段

设计是对拟建工程的实施在技术上和经济上所进行的全面而详尽的安排，是基本建设计划的具体化，是整个工程的决定性环节，是组织施工的依据，它直接关系着工程质量和将来的使用效果。

可行性研究报告经批准的建设项目应委托或通过招投标择优选择有相应资质的设计单位，按照批准的可行性研究报告的内容和要求进行设计，编制设计文件。根据建设项目的不同情况，设计过程一般划分为初步设计和施工图设计两个阶段。重大项目和技术复杂项目，可根据不同行业的特点和需要，在初步设计之后增加技术设计阶段。对于小型、简单的项目，是否进行初步设计，视具体情况而定。

1. 初步设计

初步设计是根据批准的可行性研究报告和必要而准确的设计基础资料，对设计对象进行通盘研究，阐明在指定的地点、时间和投资控制数内，拟建工程在技术上的可能性和经济上的合理性。通过对设计对象做出的基本技术规定，编制项目的总概算。根据国家规定，如果初步设计提出的总概算超过可行性研究报告确定的总投资估算 10% 以上或其他主要指标需要变更时，要重新报批可行性研究报告。

初步设计主要内容包括：

（1）设计依据、原则、范围和设计的指导思想。

（2）自然条件和社会经济状况；工程建设的必要性。

（3）建设规模、建设内容、建设方案，以及原材料、燃料和动力等的用量及来源。

（4）技术方案及流程、主要设备选型和配置。

（5）主要建筑物、构筑物、公用辅助设施等的建设。

（6）占地面积和土地使用情况。

（7）总图运输。

（8）外部协作配合条件。

（9）综合利用、节能、节水、环境保护、劳动安全和抗震措施。

（10）生产组织、劳动定员和各项技术经济指标。

（11）项目实施进度安排。

（12）工程概算及其构成。

（13）附图、附表、附件。

承担项目设计的单位设计水平应与项目大小和复杂程度匹配。按现行规定，工程设计资质有工程设计综合资质(只设甲级)、工程设计行业资质(设甲、乙、丙级)、工程设计专业资质(设甲、乙、丙级)、工程设计专项资质(根据需要设置等级)四类，低等级的设计单位不得越级承担工程项目的设计任务。设计必须有充分的基础资料，基础资料要准确；设计所采用的各种数据和技术条件要正确可靠；设计所采用的设备、材料和所要求的施工条件要切合实际；设计文件的深度要符合建设和生产的要求。

初步设计文件包括设计说明书、设计图纸、设备清单和材料清单、工程概算书、设备及材料技术规格书等。

初步设计文件完成后，应按规定报审批准。

初步设计文件经批准后，总平面布置、主要工艺过程、主要设备、建筑面积、建筑结构、总概算等不得随意修改、变更。经过批准的初步设计文件，应当满足编制施工招标文件、主要设备材料订货和编制施工图设计文件的需要，是设计部门进行施工图设计的重要依据。

初步设计阶段，要到消防部门办理消防许可手续。

2. 施工图设计

施工图设计的主要内容是根据批准的初步设计，将项目分为单项工程、单元工程或单体工程进行详细设计，绘制出正确、完整和尽可能详尽的安装施工图纸，以满足设备材料的安排和非标设备的制作、工程施工要求、生产运行、维护管理的需要等。

施工图设计完成后，应根据规定，将施工图报有关机构审查，并报行业主管部门备案。

施工图设计文件完成并审查后，进行施工图预算编制。施工图预算要委托由有预算资质的单位和人员编制。

(四) 施工建设准备阶段

工程项目在开工建设之前，要切实做好各项准备工作，建设准备的主要内容包括编制项目投资计划书、建设工程项目报建备案和建设工程项目招标。

1. 编制项目投资计划书

按现行的建设项目审批权限进行报批。

2. 建设工程项目报建备案

省重点建设项目、省批准立项的涉外建设项目及跨市、州的大中型建设项目，由建设单位向省人民政府建设行政主管部门报建。其他建设项目按隶属关系由建设单位向县以上人民政府建设行政主管部门报建。

3. 建设工程项目招标

业主自行招标或通过比选等竞争性方式择优选定招标代理机构。

通过招标或比选等方式择优选定设计单位、勘察单位、施工单位、监理单位和设备供货单位，签订设计合同、勘察合同、施工合同、监理合同和设备供货合同。

（1）项目招标核准。发展改革部门根据项目情况和国家规定，对项目的招标范围、招标方式、招标组织形式、发包初步方案等进行核准。

（2）比选代理机构。发展改革部门核准的招标组织形式为委托招标方式的，按照《国家投资工程建设项目招标代理机构比选办法》的规定，通过比选等竞争性方式确定招标代理机构，并按照规定将《委托招标代理合同》报招标管理部门备案。

（3）发布招标公告。公开招标的在指定媒介上发布招标公告；邀请招标的发送招标邀请函，并在发布前5日将招标公告向发展改革部门和招标行政管理部门备案。

（4）编制招标文件。在发售日前5个工作日报发展改革部门和招标行政管理部门备案。

（5）发售招标文件。发售招标文件和图纸时间不得少于5个工作日，从发售招标文件至投标截止日不少于20天，招标文件补充澄清或修改的需在开标日15日前通知所有投标人。

（6）开标、评标、定标。按《中华人民共和国招标投标法》及《中华人民共和国招标投标法实施条例》执行，并根据评标结果确定中标候选人。

(7) 中标候选人公示。招标人将《评标报告》和中标候选人的公示文本送到发展改革部门和招标行政管理部门备案后公示；公示期为5个工作日。

(8) 中标通知。公示期满后15个工作日或投标有效期满30个工作日内确定中标人，并发出中标通知书。

(9) 签订合同。自中标通知书发出之日起30日内依照招标文件签订书面合同。

(10) 中标备案。自发出中标通知书之日起15日内向发展改革部门和招标行政管理部门书面报告招投标情况。

(五) 建设实施阶段

1. 开工前准备

项目在开工建设之前要切实做好以下准备工作：

(1) 征地、拆迁和场地平整。

(2) 完成"三通一平"，即通路、通电、通水，修建临时生产和生活设施；

(3) 组织设备、材料订货，做好开工前准备。包括计划、组织、监督等管理工作的准备，以及材料、设备、运输等物质条件的准备。

(4) 准备必要的施工图纸。新开工的项目必须至少有3个月以上(工作量)的工程施工图纸。

2. 办理工程质量监督手续

持施工图设计文件审查报告和批准书、中标通知书和施工、监理合同、建设单位、施工单位和监理单位工程项目的负责人和机构组成、施工组织设计和监理规划(监理实施细则)等资料在工程质量监督机构办理工程质量监督手续。

3. 办理施工许可证

向工程所在地的县级以上人民政府建设行政主管部门办理施工许可证。

4. 项目开工前审计

审计机关在项目开工前，对项目的资金来源是否正当、落实，项目开工前的各项支出是否符合国家的有关规定，资金是否按有关规定存入银行专户等进行审计。建设单位应向审计机关提供资金来源及存入专业银行的凭证、财务计划等有关资料。

5. 报批开工

按规定进行建设准备并具备了各项开工条件以后，建设单位向主管部门提出开工申请。建设项目经批准新开工建设，项目即进入了建设实施阶段。

项目新开工时间，是指建设项目设计文件中规定的任何一项永久性工程(无论生产性或非生产性)第一次正式破土开槽开始施工的日期。不需要开槽的工程，以建筑物的正式打桩作为正式开工。公路、水库需要进行大量土方、石方工程的，以开始进行土方、石方工程作为正式开工。

(六) 竣工验收阶段

竣工验收是工程建设过程的最后一个环节，是全面考核项目基本建设成果、检验设计和工程质量的重要步骤。

1. 竣工验收的范围和标准

根据国家现行规定，凡新建、扩建、改建的基本建设项目和技术改造项目，按批准的设计文件所规定的内容建成，符合验收标准的，必须及时组织验收，办理固定资产移交手续。

进行竣工验收必须符合以下要求：

（1）项目已按设计要求完成，能满足生产使用。

（2）主要工艺设备配套设施经联动负荷试车合格，形成生产能力，能够生产出设计文件所规定的产品(产能)。

（3）环保设施、劳动安全卫生设施、消防设施已按设计要求与主体工程同时建成使用并经过验收；其他各专业验收已经完成。

（4）建设项目竣工资料编写完成，并汇编成册。

2. 申报竣工验收的准备工作

竣工验收依据：批准的可行性研究报告、初步设计、施工图和设备技术说明书、现场施工技术验收规范以及主管部门有关审批、修改、调整文件等。

建设单位应认真做好竣工验收的准备工作：

（1）整理工程技术资料。各有关单位(包括设计单位、施工单位)将以下资料系统整理，由建设单位分类立卷，交生产单位或使用单位统一保管。

（2）绘制竣工图纸。它与其他工程技术资料一样，是建设单位移交生产单位或使用单位的重要资料，是生产单位或使用单位必须长期保存的工程技术档案，也是国家的重要技术档案。竣工图必须准确、完整，符合归档要求，方能交付验收。

（3）编制竣工决算。建设单位必须及时清理所有财产、物资和未用完的资金或应收回的资金，编制工程竣工决算，分析预(概)算执行情况，考核投资效益，报主管部门审查。竣工决算是反映工程项目实际造价和投资效益的文件，是办理交付使用新增固定资产的依据。

（4）竣工审计。审计部门进行项目竣工审计并出具审计意见。

3. 竣工验收程序

（1）根据建设项目的规模大小和复杂程度，整个项目的验收可分为初步验收和竣工验收两个阶段进行。规模较大、较为复杂的建设项目，应先进行初验，然后进行全部项目的竣工验收。规模较小、较简单的项目可以一次进行全部项目的竣工验收。

（2）建设项目在竣工验收之前，由建设单位组织施工、设计及使用等单位进行初验。初验前由施工单位按照国家规定，整理好文件、技术资料，向建设单位提出交工报告。建设单位接到报告后，应及时组织初验。

（3）建设项目全部完成，经过各单项工程的验收，符合设计要求，并具备竣工图表、竣工决算、工程总结等必要文件资料，由项目主管部门或建设单位向负责验收的单位提出竣工验收申请报告。

4. 竣工验收的组织

竣工验收一般由建设单位或委托项目主管部门组织。

由生产、安全、环保、劳动、统计、消防及其他有关部门组成的验收委员会进行竣工验收，建设单位、施工单位、勘察设计单位参加验收工作。验收委员会负责审查工程建设的各个环节，听取各有关单位的工作报告，审阅工程资料并实地查验工程建设和设备安装情况，并对工程设计、施工和设备质量等方面做出全面的评价。

不合格的工程不予验收；对遗留问题提出具体解决意见，限期落实完成。

（七）后评估阶段

一般由投资计划管理部门负责。

项目后评估是在项目建成投产或投入使用后的一定时期，对项目运行进行全面评价，即对项目的实际费用、效益进行系统的审核，将项目决策的预期效果与项目实施后的实际结果进行全面、科学、综合的对比考核，对建设项目投资产生的财务、经济、社会和环境等方面的效益与影响进行客观、科学、公正的评估。

项目后评估的目的是总结项目建设的经验教训，查找在决策和建设中的失误和原因，以利于对以后项目投资决策和工程建设的科学性，同时对项目投入生产或使用后存在的问题提出解决办法，弥补项目决策和建设中的不足。

第三章　风险管理与保险基础知识

第一节　风险管理知识

一、风险的概念与特征

(一) 风险的概念

不同的学者对于风险有着不同的理解。例如，经济学家将风险定义为"风险是可测定的不确定性"；保险学家认为风险是"某种不幸事件发生与否的不确定性"；有学者称风险为"损失的不确定性"；还有学者认为风险是指"人们在从事某种活动或决策的过程中预期未来结果的随机不确定性"等。虽然不同领域及不同学者对风险的定义不同，但大多与"不确定性"一词相关。本书对风险的定义是指某种事件发生的不确定性。只要某一事件的发生存在着两种或两种以上的可能性，那么该事件即存在着风险。从风险的一般含义可知，风险既可以指积极结果，即盈利的不确定性，也可以指损失发生的不确定性。

风险由风险因素、风险事件和损失三个基本要素组成，三者之间为因果关系，风险因素的存在导致风险事件的发生，风险事件的发生直接带来损失。

(二) 风险的特征

1. 风险的客观性

风险的客观性是指风险是一种不以人的意志为转移的客观存在，风险有其产生和发展的客观条件和基础。由于风险的客观性，风险不可能被完全消除，但是人们可以在一定时间和空间内改变风险赖以存在和发生的条件，从而降低风险发生的概率或损失程度。风险的客观性是保险得以产生和存在的自然基础。

2. 风险的不确定性

风险的不确定性是指从某一范围或某一时间段内观察某一风险事件在未来是否发生，是否会造成损失具有不可预测性。风险及其所造成的损失总体上来说是必然的，但在个体上是偶然的。

3. 风险的可测性

风险的发生从总体上或在一段时期内是有规律可循的，人们可以利用概率论和数理统计学分析风险发生的概率及损失程度。风险的可测性是保险费率厘定的基础条件。

4. 风险的发展性

风险的发展性是指风险不是一成不变的，而是处于动态的发展过程中。随着人类科学技术的发展，新的风险不断产生，例如核辐射、核污染风险。风险的发展性为保险开发创造了发展空间。

二、风险的分类

风险可以用多种方式加以分类，常见的分类标准有以下几种。

（一）依据风险的标的分类

依据风险标的不同，风险可以分为财产风险、人身风险、责任风险和信用风险。

财产风险是指企事业单位或家庭个人自有代管的一切有形财产，因发生风险事故、意外事件而遭受的损毁灭失或贬值的风险。它包括：

（1）财产本身遭受的直接损失风险。

（2）因财产本身遭受直接损失而导致的间接损失风险。

（3）因财产本身遭受直接损失而导致的净利润损失风险。

人身风险是指由于人的生老病死的生理规律所引起的风险，以及由于自然、政治、军事和社会等方面的原因所引起的人身伤亡风险。

责任风险是指个人或团体的行为违背了法律、契约的规定，对他人的身体伤害或财产损毁负法律赔偿责任或契约责任的风险。责任风险中所说的"责任"常是指法律上应负的责任，只有少数情况属于契约责任，但是无论如何，二者指的都是经济赔偿责任。例如，产品设计或制造上的缺陷给消费者造成伤害，合同一方违约使另一方遭受损失，汽车驾驶撞伤行人等都是责任风险。

信用风险是指在经济交往中，权利人与义务人之间，由于一方违约或违法致使对方遭受经济损失的风险，如进出口贸易中，出口方（或进口方）会因进口方（或出口方）不履约而受损。

（二）依据风险的性质分类

依据风险的性质，风险可分为纯粹风险与投机风险。

只有损失机会而无获利可能的风险，即是纯粹风险。比如，房屋所有者面临的火灾风险，汽车主人面临的碰撞风险等，当火灾或碰撞事故发生时，他们便会遭受经济利益上的损失。

投机风险相对于纯粹风险而言，它是指既有损失机会又有获利可能的风险。投机风险的后果一般有三种：一是"没有损失"；二是"有损失"；三是"有盈利"。

（三）依据风险产生的环境分类

依据风险产生的环境，可将风险分为静态风险和动态风险。

在社会经济正常的情况下，自然力的不规则变化或人们的过失行为所致的风险就是静态风险。静态风险可以在任何社会经济条件下发生。雷电、霜冻、地震、暴风雨、瘟疫等这些自然原因发生的风险，火灾、破产、伤害、夭折、经营不善等这些由于疏忽发生的风险，以及放火、欺诈、呆账等这些由于不道德造成的风险，都属于静态风险。静态风险较之动态风险而言，其变化比较规则，可以通过大数定律加以测算，对风险发生的频率做统计估计推断。

由于社会经济、政治、技术以及组织等方面发生变动而产生的风险就是动态风险，如人口增长、资本增加、生产技术的改造、消费者选择的变化等引起的风险。动态风险的变化往往不规则，难以用大数定律进行测算，因此，一般不为保险人所承保。

（四）依据风险产生的原因分类

依据风险产生的原因，风险可分为自然风险、社会风险、政治风险和经济风险。

自然风险是指因自然力的不规则变化引起的种种现象而导致对人们的经济生活和物质生产及生命安全等所产生的威胁。地震、水灾、火灾、风灾、雹灾、冻灾、旱灾、虫灾以及各种瘟疫等自然现象是经常大量发生的。

社会风险是指由于个人或团体的行为，包括过失行为、不当行为及故意行为对社会生产及人们生活造成损失的可能性，如盗窃抢劫、玩忽职守及故意破坏等行为对他人的财产或人身造成损失的可能性。

政治风险又称为国家风险，是指在对外投资和贸易过程中因政治原因或订约双方所不能控制的原因，债权人可能遭受损失的风险。例如，因输入国家发生战争、革命、内乱而中止货物进口；因输入国家实施进口或外汇管制，对输入货物加以限制或禁止输入；因本国变更外贸法令，输出货物无法送达输入国，造成合同无法履行而形成的损失风险等。

经济风险是指在生产和销售等经营活动中由于受各种市场供求关系、经济贸易条件等因素变化的影响，或经营者决策失误，对前景预期出现偏差等，从而导致经济上遭受损失的风险，比如生产的增减、价格的涨落、经营的盈亏等方面的风险。

三、风险管理的概念、目标及基本程序

（一）风险管理的概念

"风险管理"一词起源于20世纪50年代的美国。20世纪早期和中期，美国发生了一些重大的损失事故使得高层管理者认识到风险管理的重要性。在社会、法律、经济和技术的多重压力下，风险管理运动在美国迅速开展起来，并逐渐形成了以研究如何对企业的人员、财产和责任、财务资源进行适当保护的一门新的管理学科，称为风险管理学科。在这样的大背景下，风险管理逐渐被人们接受。

风险管理是研究风险发生规律和风险控制技术的一门新兴管理科学。它是指各经济单位通过风险识别、风险衡量、风险评估等方式，并在此基础上优化组合各种风险管理技术，对风险实施有效的控制和妥善处理风险所致损失的后果，期望达到以最小的成本获得最大安全保障目标的管理过程。

（二）风险管理的目标

风险管理的具体目标可以分为损前目标和损后目标。

1. 损前目标

风险管理损前的经济目标是企业以最经济的方法预防潜在的损失，这要求对安全计划、保险以及预损技术的费用进行财务分析。同时，风险管理要达到减轻企业和个人对潜在损失的烦恼和忧虑，并遵守和履行外界赋予企业的责任。

2. 损后目标

首先，保证企业生存。在损失发生后，企业至少要在一段合理的时间内能部分恢复生产或经营，风险管理的首要任务是维持企业的生存。

其次，保证企业经营的连续性。这对公用事业尤为重要，这些单位有义务提供不间断的服务。

再次，保证收入稳定。通过风险管理来保证企业经营的连续性和收入的稳定，从而使企业生产保持持续增长。

最后，社会责任。通过风险管理来尽可能减少企业受损对他人和整个社会的不利影响。

为了实现上述目标，风险管理人员必须识别风险、衡量与评价风险，并且选择适当的风险管理策略来应对损失风险。

（三）风险管理的基本程序

1. 制订风险管理计划

风险管理的第一步是制订合理的风险管理计划，主要内容包括确定风险管理的目标、风险管理组织机构及人员职责、风险管理计划控制方法等。

2. 风险识别

风险识别指经济单位和个人对所面临的以及潜在的风险加以判断、归类整理，并对风险的性质进行鉴定的过程。

3. 风险分析

风险分析指在风险识别的基础上，通过对所收集的大量的详细损失资料加以分析，运用概率论和数理统计，估计和预测风险发生的概率和损失程度。

4. 风险评估

风险评估指在风险识别和风险分析的基础上，将风险发生的概率、损失严重程度，结合其他因素综合考虑，运用定量、定性等风险评估方法，得出企业发生风险的可能性及其危害程度，并与公认的安全指标(行业的或国家的)比较，确定系统的危险级别，然后根据系统的危险级别，决定采取相应的风险管理措施。

5. 选择风险管理策略

选择风险管理策略是在识别分析和衡量风险的基础上，根据风险性质、风险频率、损失程度及自身的经济承受能力选择适当的风险处理方法的过程。常用的风险管理技术包括风险自留、风险避免、损失控制及风险转移等。

6. 风险管理效果评价

风险管理效果评价是分析、比较已实施的风险管理方法的结果与预期目标的契合程度，以此来评判管理方案的科学性、适应性和收益性。

四、风险管理策略

根据风险评估结果，为实现风险管理目标，选择最佳风险管理策略是风险管理中最为重要的环节。

（一）风险管理策略的概念

风险管理策略是指企业根据自身条件和外部环境，围绕企业发展战略，确定风险偏好、风险承受度、风险管理有效性标准，选择风险自留、风险规避、风险转移、损失控制等适合的风险管理工具的总体策略，并确定风险管理所需人力和财力资源的配置原则。

（二）风险管理策略的要素

1. 风险偏好和承受度

风险偏好和承受度是企业愿意承担哪些风险，可以承担这些风险的水平，明确风险的最低限度和不能超过的最高限度，并根据风险预警线及相应采取的对策。确定风险偏好和承受度，要正确认识和把握风险和收益的平衡，防止和纠正忽视风险，片面追求收益而不讲条件、范围，认为风险越大、收益越高的观念和做法；同时，也要避免单纯为了规避风险而放弃发展机遇。

2. 风险应对策略

一般情况下，对战略、财务、运营和法律风险，可采取风险自留、风险规避、风险控制等方法。对能够通过保险、期货等金融手段进行理财的风险，可以采用风险转移、风险补偿等方法。对于不同性质和特点的风险采取的应对策略也不同，例如，对于竞争、宏观经济等战略类风险，可采取规避、控制等策略；而对于灾害性风险、利率和汇率风险等，则可采取控制、理财等策略。对于影响程度高但发生概率小的风险，可采取规避、分担、控制等策略；而对于影响程度小但发生概率高的风险，则应以日常控制策略为主。同时，在实际工作中，企业应注重采取多种策略的组合来应对某一类风险，以达到更好的管理效果。

（三）常用的风险管理策略

常用的风险管理策略主要有风险规避、损失控制、风险转移和风险自留。

1. 风险规避

1）风险规避的定义

风险规避，简称避险，是人们有意识地避免某种特定的风险。它通常采取两种方式：第一，根本不从事可能产生某特定风险的任何活动。例如，为了免除爆炸的风险，工厂根本不从事爆竹的制造；或为了免除责任风险，学校禁止学生从事郊游活动等。第二，中途放弃可能产生某特定风险的活动。例如，某企业原定在海外投资设厂，后因投资国爆发战争而临时中止该项投资设厂计划。如此，免除了因设厂可能带来的政治与战争风险。又如，学校原计划举办教职员旅游活动，之后，因临行前一天获知台风警报，学校宣布取消该项旅游活动，免除了可能带来的责任风险。

2）风险规避的限制条件

采取风险规避是风险管理的策略之一，有其一定的使用条件和限制。运用上，必须注意下列几点：

第一，当风险可能导致的损失频率和损失幅度极高时，采用规避风险的策略是明智的决定。

第二，当采取其他风险管理策略所花的代价甚高时，可考虑规避风险。

第三，风险规避并非永久可行，某些风险是不可避免的，例如，死亡风险、全球性能源危机等的风险不可采用风险规避的策略。

第四，风险规避是最简单也是最消极的风险处理方法。在完全规避风险的同时，通常也意味着放弃了一部分未来的收益风险，一味地以规避处理，对公司而言，获利机会等于零。

第五，风险规避的效应有其一定的范围。规避了某风险，可能面对另外的风险。例如，油田企业为提高采油效率，引进大量采油新技术，这个决定大大提高了采油效率，为企业的创收做出了贡献，但是却面临了工作人员对引进的新技术不熟悉，误操作增加等风险。

2. 损失控制

损失控制是指人们采取行动降低损失的可能性和严重性。例如，为了降低感染流行性感冒的风险，人们可以采取合理的饮食、多运动、远离易感人群等措施。损失控制是风险控制中最重要的措施。

损失控制可以在损失发生之前、之中和之后进行，包括损失预防和损失抑制。损失预防是指在损失发生前为了消除或减少可能引起损失的各项原因所采取的具体措施。损失控制是指在风险事故发生时或发生后，采取措施减少损失发生的范围和损失的程度。损失抑制的重点在于减少损失的程度。

不像风险规避，损失控制中损失预防是积极改变风险特性的措施。例如，大楼建设在施工前、设计时，要考虑耐震与防震的问题。

3. 风险转移

风险转移是将自己承担的风险部分或全部转移给其他个人或单位去承担的行为。风险转移根据转移方式的不同可以分为两种：一种是通过保险方式转移风险；另一种是通过非保险方式转移风险。不管何种途径，不外乎牵涉两位当事人：一个是转移者，另一个是承受者。通过保险转移即为保险理财，承受者则为保险公司。保险方式的风险转移，是通过向保险公司进行投保来转移风险。

1）非保险方式的风险转移

非保险方式的风险的承担者不是保险人，一般可通过转移风险源、签订免除责任协议、利用合同中的转移责任条款和保证合同4种途径转移风险。

（1）转移风险源。

从风险来源分析，一般有两种情况：一是拥有的财产遭受损失；二是在从事生产或经营活动中使他人的财产遭受损失或人身受到伤害，要负赔偿责任。因此，转移风险源（财产或活动）的所有权或管理权就可以采用以下几种方式转移风险源：

① 出售承担风险的财产，同时将与财产有关的风险转移给购买该项财产的人或经济单位。例如，企业出售其拥有的一幢建筑物，该幢建筑物所面临的火灾风险也就随着出售行为的完成转移给新的所有人了。这种出售有些像避免风险的放弃行为，但区别是风险有了新的承担者。还必须注意，有时出售行为不能完全转移与所售物品有关的损失风险。例如，家用电器出售给消费者后，并不能免除制造商或销售商的产品责任风险。

② 财产租赁可以使财产所有人部分地转移自己所面临的风险。财产租赁是指一方把自己的房屋、场地、运输工具、设备或生活用品等出租给另一方使用，并收取租赁费。财产租赁过程中可能出现的损失一般包括：有关的物质损失；因财产受损而引起的租金损失或贬值；由财产所有权、使用权引起的对第三者的损失赔偿责任。如果租赁协议中规定：租借人对因过失或失误造成的租借物的损坏、灭失应承担赔偿责任。那么出借人就将潜在的财产损失风险转移给了租借人。

③ 建筑工程中的承包商可以利用分包合同转移风险。例如，如果承包商担心工程中电气项目的原材料和劳动力成本可能增加，就可以雇佣分包商承接电气项目。又如，对于一般的建筑施工队而言，高空作业的风险较大，利用分包合同能够将高空作业的任务交给专业的高空作业工程队，从而将高空作业的人身意外伤害风险和第三者责任风险转移出去。

（2）签订免除责任协议。

在许多场合，转移带有风险的财产或活动可能是不现实的或不经济的，典型的例子，如医生一般不能因害怕手术失败的风险而拒绝施行手术，签订免除责任协议就是这种情况下的一种解决问题的方法。医院在给垂危病人施行手术之前会要求病人家属签字同意：若手术失败，医生不负责任。在这纸协议中，医生不转移带有风险的活动（动手术），而只转移可能的责任风险。对医生而言，风险被免除了。

在日常生活中，能够见到一些意欲免除责任的单方约定，它们是否合法合理可能会引起争议，也许无法达到免除责任的初衷。例如，一家公园在一处危险场地附近贴有告示：危险！但由于告示不够醒目，而且未采取措施，如设置栅栏，以防止游人靠近，公园方面对发生在此场地的意外伤害事故还是要负一定责任。

（3）利用合同中的转移责任条款。

在主要针对经济活动的合同中，变更某些条款或巧妙地运用合同语言，可以将损失责任转移给他人。例如，建筑工程的工期一般较长，承包方面临着设备、建材价格上涨而导致的损失。对此，承包方可以要求在合同条款中写明：若因发包商原因致使工期延长，合同价额需相应上调，这就是转移责任条款。承包方使用这项条款把潜在的损失风险转移给发包方。

转移责任条款的运用相当灵活，无论哪一方都存在着利用此类条款转移责任的可能性。例如，《中华人民共和国民法通则》第一百二十六条规定："建筑物或者其他设施以及建筑物上的搁置物、悬挂物发生倒塌、脱落、坠落造成他人损害的，它的所有人或者管理人应当承担民事责任"。在所有人和管理人是不同的单位或个人时，双方都可以在协议中增加或修改条款，试图将对第三者造成的财产损失和人身伤亡的经济赔偿责任转移给对方。

（4）保证合同。

保证合同分为合同保证和忠诚保证。在建筑工程合同中，一方业主为转嫁另一方承包商因不履行其义务而使业主遭受损失的风险，可以要求承包商提供履约保证。忠诚保证是保证当被保证人发生不诚实行为，如盗窃、诈骗、隐匿、伪造，致使另一方雇主遭受损失时，由保证人负赔偿责任。

2）保险方式的风险转移

作为一种最为普及的、使用最广泛的风险管理手段，保险不能将各种风险通通予以承保，这概念有理论上的限制，也存在着保险经营理念、手段和经营方法上的限制。在这里必须明确的一点是，只有可保风险才可以采取保险的手段进行风险管理。可保风险（Insurance Risk）是指可以保险的风险，即可以采取保险的方法进行经营的风险。从保险经营的角度来分析，并不是所有的风险都可以保险，对客观存在的大量的风险，只有符合一定条件，才能成为保险经营的风险。

（1）可保风险必须是纯粹风险，而不是投机性风险。

纯粹风险与投机性风险是性质完全不同的风险，它们造成的后果是不同的。就保险行业的承保技术和手段而言，保险公司只承担由纯粹风险发生导致的损失。由于投机性风险的发生可能带来获利的机会，因此投机性风险不具有可保性。

（2）可保风险必须是大量的、相似的风险单位都面临的风险。

保险经营的重要数理依据是大数法则，大数法则是统计学中的一个重要定律。大数法则是指随着样本数量的不断增加，实际观察结果与客观存在的结果之间的差异将越来越小，这种差异最终将趋于零。因此，随着样本数量的增加，利用样本的数据来估计的总体的数字特征也会越来越精确。

大数法则在保险中的应用是指随着投保的保险标的数量的增加，保险标的的实际损失与用以计算保险费率的预测损失之间的差异将越来越小。

（3）损失的发生具有偶然性。

如果客观存在的风险一定会造成损失，这种风险保险公司不会承保。保险公司承保的风险必须只包含发生损失的可能性，而不是确定性，也就是说，损失的发生具有偶然性。之所以要求损失的发生具有偶然性，原因之一，为了防止被保险人的道德风险和行为风险的发生；原因之二，保险经营的基础是大数法则，而大数法则的应用是以随机（偶然）事件为前提的。

（4）损失是可以在发生时间、发生地点和损失程度上进行确定和衡量的。

所谓损失是可以确定的，是指风险造成的损失必须在时间上和地点上可以被确定，因为只有这样才能确定此项损失是否为保险公司承保范围之内的损失。所谓损失是可以衡量的，是指风险造成的损失程度必须可以用货币来衡量。只有这样，保险人才能对损失进行补偿。因此，从保险经营的角度来看，可保风险造成的损失一定是可以确定和衡量的。

（5）可保风险造成的损失必须是严重的。

从风险管理的理论来看，管理风险的措施是多样的，保险只是方法之一。从理论上讲，人们只对发生频率低，而损失程度严重的风险采取保险的手段进行风险转移。因为这种损失一旦发生，人们无法依靠自己的力量来补偿损失或自己补偿损失极不经济。判断损失的严重性没有一个确定的数量标准。它是相对于企业、家庭或个人能够并且愿意承担损失的大小而定的，不是绝对的。对于投保人来说，如果一种风险造成损失的可能性很大，但损失结果并不严重，对这种风险购买保险是很不经济的，人们可以通过自留风险和控制损失频率的方法来解决。

但可保风险造成的损失不应是巨灾损失，保险中的巨灾损失是指风险事故造成的损失在损失程度和损失范围上不仅超出了保险精算费率预期的损失严重程度，而且也超出了为该风险积累的保险准备金的数量。

（6）可保风险造成损失的概率分布是可以被确定的。

保险公司经营风险的前提是可以确定一个合理的保险费率。而保险费率的确定是建立在预期损失基础上的。如果一种风险是可保的，它的预期损失必须是可以计算的。预期损失是根据损失的概率分布计算出来的。如果风险造成的损失的概率分布可以确定在一个合理的精确度以内，则这项风险就是可保的。

4. 风险自留

1）风险自留的定义

风险自留是指由经济主体自己承担风险事故所造成的部分或全部损失的风险管理策略，例如一个企业会买带有很大免赔额的保险单，这实际上是企业自保的一部分损失风险。如果一个企业在财务上有能力去承担部分或全部损失，那么从长期看，自留比购买保险的成本更低。

风险自留在下列情况下存在：

第一，通过对风险进行分析和权衡后，决定全部或部分承担风险。在冒风险的同时可获得较大的利润时，可将该风险保留下来，以得到最大利益。

第二，没有进行积极估计、预防，而造成了风险自留。

第三，对损失微不足道的风险，经济主体也往往采用风险自留。例如，小物品的丢失不会对经济单位造成大的损失。

与规避风险、转移风险不同，自留风险是指面临风险的企业或单位自己承担风险所导致的损失，并做好相应的资金安排。

2）自留风险的特点

（1）自留风险的实质是：在损失发生后受损单位通过资金融通来弥补经济损失，即在损失发生后自行提供财务保障。

（2）自留风险也许是无奈的选择。任何一种应对风险的方法都有一定的局限性和适用范围，若其他任何一种方法都无法有效地处理某一特定风险，或处理风险的成本太高，令人无法接受。在这样的情况下，自留风险就是无可奈何的唯一选择。例如，在航天技术发展初期，运载火箭的爆炸损失风险时刻威胁着人们，所有可能的安全措施并不能保证绝对安全，而统计资料的匮乏又使保险公司对火箭的爆炸风险望而却步，不愿接受投保，这时自留风险就成为必然使用的方法。

（3）自留风险可分为主动的、有意识的、有计划的自留和被动的、无意识的、无计划的自留。风险管理人员识别了风险的存在，并对其损失后果获得较为准确的评价和比较各种管理措施的利弊之后，有意识地决定不转移有关的潜在损失风险而由自己承担时，这就成为主动的、有计划的自留风险。

被动的、无意识的、无计划的自留风险一般有如下两种表现：一是没有意识到风险存在而导致风险的无意识自留；二是虽然意识到风险的存在，但低估了风险的程度，怀侥幸心理而自留了风险。这种自留风险行为并没有预先做好资金安排。

（4）按自留风险的程度可分为全部自留风险和部分自留风险。损失频率高、损失程度小的风险最宜于主动采取全部自留风险，而部分自留风险应当和其他方法一起运用，例如，购买带有免赔额的保险。

第二节 保险基础知识

一、保险的概念与特征

（一）保险的概念

保险是指投保人根据合同约定，向保险人支付保险费，保险人对于合同约定的可能发生的事故因其发生所造成的财产损失承担赔偿保险金责任，或被保险人死亡、伤残、疾病或达到合同约定的年龄、期限等条件时承担给付保险金责任的商业保险行为。

从经济角度看，保险是分摊意外事故损失的一种财务安排；从法律角度看，保险是一种合同行为，是一方同意补偿另一方损失的一种合同安排；从社会角度看，保险是社会经济保障制度的重要组成部分，是社会生产和社会生活"精巧的稳定器"；从风险管理角度看，保险是风险管理的一种方法。

（二）保险的特征

保险的特征是指保险活动与其他活动相比所表现出的基本特点。一般地说，现代商业保险的特征主要包括经济性、互助性、法律性和科学性。

1. 经济性

保险是一种经济保障活动。保险的经济性主要体现在保险活动的性质、保障对象、保障手段、保障目的等方面。保险经济保障活动的保障对象即财产和人身，直接或间接属于社会生产中的生产资料和劳动力两大经济要素；其实现保障手段，最终都必须采取支付货币的形式进行补偿或给付；其保障的根本目的是利于经济发展。

2. 互助性

保险具有"一人为众，众为一人"的互助特性，并通过保险人用多数投保人缴纳保险费建立的保险基金对少数遭受损失的被保险人提供补偿或给付而得以体现。

3. 法律性

保险的法律性主要体现在保险合同上。保险合同的法律特征主要有：保险行为是双方的法律行为；保险行为必须是合法的；保险合同双方当事人必须有行为能力；保险合同双方当事人在合同关系中的地位是平等的。

4. 科学性

现代保险经营以概率论和大数法则等科学的数理理论为基础，保险费率的厘定、保险准备金的提存等都是以科学的数理计算为依据的。

二、保险的基本原则

保险的基本原则主要有保险利益原则、最大诚信原则、近因原则和损失补偿原则。

（一）保险利益原则

保险利益是指投保人对保险标的所具有的法律上承认的利益。它体现了投保人与保险标的之间存在的利害关系，倘若保险标的安全，投保人可以从中获益；倘若保险标的受损，投保人必然会蒙受经济损失。

保险利益原则是指在签订保险合同时或履行保险合同过程中，投保人和被保险人对保险标的必须具有保险利益的规定。《中华人民共和国保险法》（以下简称《保险法》）第十二条规定："投保人对保险标的应当具有保险利益。投保人对保险标的不具有保险利益的，保险合同无效。"具体来说，如果投保人对保险标的不具有保险利益，签订的保险合同无效；保险合同生效后，投保人或被保险人失去了对保险标的的保险利益，保险合同随之失效，但人身保险合同除外。

（二）最大诚信原则

任何一项民事活动，各方当事人都应遵循诚信原则。诚信原则是世界各国立法对民事、商事活动的基本要求。《保险法》第五条规定："保险活动当事人行使权利、履行义务应当遵循诚实信用原则。"但是在保险合同关系中对当事人诚信的要求比一般民事活动更严格，要求当事人具有"最大诚信"。保险合同是最大诚信合同。最大诚信的含义是指当事人真诚地向对方充分而准确地告知有关保险的所有重要事实，不允许存在任何虚伪、欺骗、隐瞒行为。而且不仅在保险合同订立时要遵守此项原则，在整个合同有效期间和履行合同过程中也都要求当事人具有"最大诚信"。

最大诚信原则的含义可表述为：保险合同当事人订立合同及在合同有效期内，应依法向对方提供足以影响对方做出订约与履约决定的全部实质性重要事实，同时绝对信守合同订立的约定与承诺；否则，受到损害的一方，按民事立法规定可以此为由宣布合同无效，或解除合同，或不履行合同约定的义务或责任，甚至对因此而受到的损害还可要求对方予以赔偿。

（三）近因原则

近因原则是判断风险事故与保险标的损失之间的因果关系，从而确定保险赔偿责任的一项基本原则。长期以来，它是保险实务中处理赔案时所遵循的重要原则之一。近因，是指在风险和损失之间，导致损失的最直接、最有效、起决定作用的原因，而不是指时间上或空间上最接近的原因。正如英国法庭曾于1907年给近因所下的定义："近因是指引起一连串事件并由此导致案件结果的能动的、起决定作用的原因。"1924年，英国上议院宣读的法官判词中对近因做了进一步的说明："近因是指处于支配地位或起决定作用的原因，即使在时间上它并不是最近的。"保险损失的近因，是指引起保险事故发生的最直接、最有效、起主导作用或支配作用的原因。近因原则的基本含义是：在风险与保险标的损失关系中，如果近因属于被保风险，保险人应负赔偿责任；近因属于除外风险或未保风险，则保险人不负赔偿责任。

（四）损失补偿原则

损失补偿原则是指保险合同生效后，当保险标的发生保险责任范围内的损失时，通过保险赔偿，使被保险人恢复到受灾前的经济原状，但不能因损失而获得额外收益。该原则包括两层含义：

（1）补偿以保险责任范围内损失的发生为前提，即有损失发生就有补偿，无损失则无补偿。在保险合同中体现为：被保险人因保险事故所致的经济损失，依据保险合同有权获得赔偿，保险人也应及时承担合同约定的保险保障义务。

（2）补偿以被保险人的实际损失及有关费用为限，即以被保险人恢复到受损失前的经济状态为限，因此，保险人的赔偿额不仅包括被保险标的的实际损失价值，还包括被保险人花费的施救费用、诉讼费等。换言之，保险补偿就是在保险金额范围内，对被保险人因保险事故所遭受损失的全部赔偿。保险合同通常规定，保险事故发生时，被保险人有义务积极抢救保险标的，防止损失进一步扩大。被保险人抢救保险标的所支出的合理费用，由保险人负责赔偿。《保险法》第四十二条规定："保险事故发生时，被保险人有责任尽力采取必要的措施，防止或者减少损失。保险事故发生后，被保险人为防止或者减少保险标的的损失所支出的必要的、合理的费用，由保险人承担；保险人所承担的数额在保险标的的损失赔偿金额以外另行计算，最高不超过保险金额的数额。"这主要是为了鼓励被保险人积极抢救保险标的，减少社会财富的损失。

三、保险的种类

（一）按照保险的实施方式分类

按照实施方式，保险可分为自愿保险和法定保险。

1. 自愿保险

自愿保险是保险人和投保人在自愿原则基础上通过签订保险合同而建立保险关系的一种保险。

2. 法定保险

法定保险又称强制保险，是以国家的有关法律为依据而建立保险关系的一种保险。

（二）按照保险标的分类

按照保险标的，可将保险分为财产保险和人身保险。

1. 财产保险

财产保险是保险人对被保险人的财产及其有关利益在发生保险责任范围内的灾害事故而遭受经济损失时给予补偿的保险。

中国财产保险分为财产损失保险、责任保险、信用保险和保证保险。

（1）财产损失保险的种类很多，包括企业财产保险、家庭财产保险、运输工具保险、货物运输保险、工程保险、特殊风险保险和农业保险。

（2）责任保险是一种以被保险人对第三者依法应承担的赔偿责任为保险标的的保险。责任保险的主要险别包括产品责任保险、雇主责任保险、职业责任保险和公众责任保险等。

（3）信用保险是指权利人向保险人投保债务人的信用风险的一种保险。信用保险主要险别包括一般商业信用保险、投资保险（又称政治风险保险）和出口信用保险。

（4）保证保险是被保证人（债务人）根据权利人（债权人）的要求，请求保险人担保自己信用的保险。保证保险的三个主要险别有合同保证保险、产品质量保证保险和忠诚保证保险。

2. 人身保险

人身保险是指以人的生命或身体为保险标的，当被保险人在保险期限内发生死亡、伤残、疾病、年老等事故或生存至保险期满时给付保险金的保险业务。

人身保险包括人寿保险、健康保险和人身意外伤害保险。

（1）人寿保险是以被保险人生存或死亡为保险事故（即给付保险条件）的一种人身保险业务。

人寿保险的种类有普通人寿保险和新型人寿保险。普通型人寿保险分为定期寿险、终身寿险、两全保险和年金保险。新型人寿保险包括分红保险、投资连结保险（又称为投连险）或万能保险。

（2）健康保险是以被保险人支出医疗费用、疾病致残、生育或因疾病、伤害不能工作、收入减少为保险事故的人身保险业务。

健康保险主要承保的内容有医疗保险、疾病保险、失能收入损失保险和护理保险等。

（3）人身意外伤害保险是以被保险人因遭受意外伤害事故造成死亡或残废为保险事故的人身保险。

人身意外伤害保险包括个人意外伤害保险和团体意外伤害保险，与人寿保险、健康保险相比，人身意外伤害保险是最有条件、最适合采用团体投保的方式。

（三）按照保险是否以营利为目的分类

按照保险是否以营利为目的，可将保险分为营利性保险和非营利性保险。

1. 营利性保险

营利性（Proprietary Insurance）保险为商业保险，是以营利为目的的保险。

2. 非营利性保险

非营利性保险（Non-Proprietary Insurance）是不以营利为目的的保险。按经营主体不同、是否带有强制性，分为社会保险、政策性保险、相互保险和合作保险。

（四）按照保险实施的依据进行分类

按照保险行为实施的依据，可将保险分为社会保险和商业保险。

1. 社会保险

社会保险（Social Insurance）是国家通过立法对社会劳动者暂时或永久丧失劳动能力或失业时提供一定的物质帮助，以保障其基本生活的一种社会保障制度。

2. 商业保险

商业保险（Commercial Insurance）是投保人根据合同约定，向保险人支付保险费，保险人对于合同约定的可能发生的事故因其发生所造成的财产损失承担赔偿保险金责任，或者当被保险人死亡、伤残、疾病或者达到合同约定的年龄、期限时承担给付保险金责任的保险行为。

（五）按照保险承保方式分类

按照保险承保方式，可将保险分为原保险、再保险、重复保险和共同保险等。

1. 原保险

原保险（Original Insurance）是保险人与投保人签订保险合同，构成投保人与保险人权利义务关系的保险。

2. 再保险

再保险（Reinsurance）是一方保险人将原承保的部分或全部保险业务转让给另一方承担的保险，即对保险人的保险。

3. 重复保险

重复保险（Double Insurance）是投保人对同一保险标的、同一保险利益、同一保险事故同时分别向两个以上保险人订立保险合同，其保险金额之和超过保险价值的保险。

4. 共同保险

共同保险是由两个或两个以上的保险人同时联合直接承保同一保险标的、同一保险利益、同一保险事故而保险金额之和不超过保险价值的保险。

5. 复合保险

复合保险是指投保人以保险利益的全部或部分，分别向数个保险人投保相同种类保险，签订数个保险合同，其保险金额总和不超过保险价值的一种保险。

（六）按照保险承保的风险范围分类

按照保险承保的风险范围，可将保险分为单一风险保险和综合风险保险。

1. 单一风险保险

单一风险保险是在保险合同中只规定对某一种风险造成的损失承担保险责任的保险。

2. 综合风险保险

综合风险保险是指保险合同中规定对数种风险造成的损失承担保险责任的保险。

（七）按照保单的投保人分类

按照保单的投保人不同，可将保险分为团体保险和个人保险。

1. 团体保险

团体保险是以集体名义使用一份总合同向其团体内成员所提供的保险。

2. 个人保险

个人保险是以个人名义向保险人投保的家庭财产保险和人身保险。

此外，由于各国法律差异较大，分类标准不统一。例如，美国的法律将保险分为财产和意外保险、人寿和健康保险两大类；日本的法律将保险分为损害保险和生命保险两大类；而《保险法》将保险分为财产保险和人身保险两大类。

四、保险合同

（一）保险合同的含义

《保险法》第十条规定："保险合同是投保人与保险人约定保险权利义务关系的协议。"保险合同的当事人是投保人和保险人；保险合同的内容是关于保险的权利义务关系。保险合同除具有一般合同的法律特征外，还具有一些独有的法律特征。

（二）保险合同的种类

（1）按照合同承担风险责任的方式，保险合同可分为单一风险合同、综合风险合同与一切险合同。

（2）在各类财产保险中，依据标的价值在订立合同时是否确定，将保险合同分为定值保险合同和不定值保险合同。在人身保险合同中，通常不区分定值保险合同与不定值保险合同。

（3）按照合同的性质，保险合同可以分为补偿性保险合同与给付性保险合同。

（4）根据保险标的的不同情况，保险合同可以分为个别保险合同和集合保险合同。前者是以一人或一物为保险标的的保险合同；后者是以多数人或多数物为保险标的的合同，又称为团体保险合同。

（5）按保险标的是否为特定物或是否属于特定范围，保险合同可分为特定保险合同和总括保险合同。特定保险合同是以特定物为保险标的的合同。总括保险合同是以可以变动的多数人或物为保险标的的合同。

（6）按保险金额与保险标的的实际价值的对比关系，保险合同可分为足额保险合同与不足额保险合同。足额保险合同又称全额保险合同，是指保险金额大体相当于财产实际价值的保险合同。非足额保险合同又称低额保险合同，是指保险金额小于财产实际价值的保险合同。

（三）保险合同的主体

保险合同的主体包括保险合同的当事人、保险合同的关系人和保险合同的辅助人。

1. 保险合同的当事人

保险合同的当事人，通常指订立并履行合同的自然人、法人或其他组织，他们在合同关系中享有权利并承担相应的义务。

（1）保险人。保险人是指与投保人订立保险合同，并承担赔偿或给付保险金责任的保险公司。

（2）投保人。投保人是指与保险人订立保险合同，并按照保险合同负有支付保险费义务的人。投保人并不以自然人为限，法人和其他组织也可以成为投保人。

2. 保险合同的关系人

保险合同的关系人包括被保险人和受益人。

（1）被保险人。被保险人是指其财产或人身受保险合同保障，享有保险金请求权的人，投保人可以为被保险人。当投保人为自己的保险利益投保时，投保人、被保险人为同一人。当投保人为他人利益投保时，须遵守以下规定：被保险人应是投保人在保险合同中指定的人；投保人要征得被保险人同意；投保人不得为无民事行为能力人投保以死亡为给付保险金条件的人身保险。

（2）受益人。《保险法》第二十二条规定："受益人是指人身保险合同中由被保险人或者投保人指定的享有保险金请求权的人，投保人、被保险人可以为受益人。"

3. 保险合同的辅助人

保险合同的辅助人因国家而异，不同的国家有不同的保险辅助人。一般来说，保险合同的辅助人包括保险代理人、保险经纪人和保险公估人等。

（四）保险合同的客体

保险合同的客体不是保险标的本身，而是投保人于保险标的所具有的法律上承认的利益，即保险利益。投保人对保险标的应当具有保险利益，投保人对保险标的不具有保险利益的保险合同无效。保险标的是保险利益的载体，是投保人申请投保的财产及其有关利益或者人的寿命和身体，是确定保险合同关系和保险责任的依据。

（五）保险合同的内容

1. 保险合同内容的构成

狭义保险合同的内容仅指保险合同当事人依法约定的权利和义务。广义保险合同的内容则是指以双方权利义务为核心的保险合同的全部记载事项。在此主要介绍广义的保险合同内容。

从保险法律关系的要素上看，保险合同由以下四部分构成：

（1）主体部分。包括保险人、投保人、被保险人、受益人及其住所。

（2）权利义务部分。包括保险责任和责任免除、保险费及其支付办法、保险金赔偿或给付办法、保险期限和保险责任的开始、违约责任等。

（3）客体部分。保险合同的客体是保险利益，财产保险合同表现为保险价值和保险金额；人身保险合同表现为保险金额。

（4）其他声明事项部分。包括其他法定应记载事项和当事人约定事项，前者如争议处理、订约日期；后者指投保人和保险人在法定事项之外，约定的其他事项。

2. 保险合同的基本条款（由保险人拟定）

（1）保险人的名称和住所。

（2）投保人、被保险人、受益人的名称和住所。

（3）保险标的。将保险标的作为保险合同的基本条款的法律意义是：确定合同的种类，明确保险人承担责任的范围及保险法规定的适用范围；判断投保人是否具有保险利益及是否存在道德风险；确定保险价值及赔款数额；确定诉讼管辖。

（4）保险责任和责任免除。

（5）保险期间和保险责任开始时间。保险期间可以按年、月、日；一个运程期；一个工程期或一个生长期。中国以约定起保日的零点为保险责任开始时间，以合同期满日的 24 点为保险责任终止时间。

（6）保险价值。三种确定方法：双方合同中约定；事故发生后保险标的的市场价；依据法律规定。

（7）保险金额。在不定值保险合同中，保险金额可以按实际价值及投保时账面价值确定。在财产保险中，保险金额不能超过保险价值；在人身保险中，保险金额由双方当事人自行约定。

（8）保险费及其支付办法。投保人基本义务，可一次支付也可分期支付。

（9）保险金赔偿或给付办法。财产保险按规定方式计算赔偿，人身保险按合同约定。

（10）违约责任和争议处理。一方违约均可能给另一方造成损失。协商、仲裁、诉讼。

3. 保险合同的特约条款（双方拟定）

（1）附加条款。附加条款是保险合同当事人在基本条款的基础上，另行约定的补充条款，它是对基本条款的修改或变更，效力优于基本条款。

（2）保证条款。投保人或被保险人就特定事项担保的条款，即保证某种行为或事实的真实性的条款，一般由法律规定或同业协会制定，如有违反，保险人有权解除合同或拒绝赔偿。

第三节　保险在风险管理中的应用

一、保险和风险的关系

（一）风险是保险产生和发展的前提

风险无处不在，时刻威胁着生命和财产安全，从而构成了保险关系的基础；其次，风险的发展是保险发展的客观依据，它主要表现在风险是随着社会经济的发展和科学技术的进步而不断发生变化的，从而必然促使保险业不断根据形势的变化，设计新险种，开发新业务，最终使保险获得持续发展。

（二）保险是传统有效的风险处理措施

保险是风险管理中传统有效的财务转移机制，人们通过保险将自行承担的风险损失转嫁给保险人，以小额的固定保费支出，换取对未来不确定的、巨大风险损失的经济保障，使风险的损害后果得以减轻或消化。同时，保险人作为与各种风险打交道的专业机构，不仅具有丰富的风险管理经验，而且通过积极参与社会防灾防损以及督促保险客户加强防灾防损，能直接有效地化解某些风险，从而成为社会化风险管理的重要组成部分。

保险对风险管理的影响，还在于它是最能够适应风险的不确定性与不平衡性发生规律的合理机制。一方面，保险是通过平时的积累应对保险事故发生时的补偿之需；另一方面，保险能将在时间与空间上不平衡发生的各种风险进行有效分散，这是其他任何机制都无法实现或无法完全实现的。

（三）风险与保险存在相互制约、相互促进的关系

一方面，保险经营效益受到风险管理技术的制约。它包括两层含义：一是保险经营属于商业交易行为，其经营过程同样存在着风险，需要风险管理技术来控制在经营过程中的风险；二是对于保险所承保风险的识别、衡量、评价和处理，受到风险管理技术的制约。另一方面，保险的发展与风险管理的发展又相互促进。保险人丰富的风险管理经验，可使各经济单位更好地了解风险，并选择最佳的风险管理对策，从而促进经济单位的风险管理，完善风险管理的实践，促进风险管理的发展；而经济单位风险管理的加强和完善，也会促进保险业的健康、稳定发展。

风险管理和保险不同，风险管理着重识别和衡量纯粹风险，而保险只是应对纯粹风险的一种方法。风险管理中的保险主要是从企业或家庭的角度讲怎样购买保险。现代风险管理的计划中也广泛使用避免风险、损失管理、转移风险和自担风险等方法。风险管理的范围大于保险和安全管理。

如投资股票有赚钱、赔钱和不赚不赔三种可能，这三种可能性都属于风险的不确定性范畴。然而，保险是通过其特有的处理风险的方法，对被保险人提供保险经济保障的，即当被保险人由于保险事故的发生而遭受经济损失时，由保险人给予保险赔偿或给付，因而保险理论上的风险是指损失发生的不确定性。

二、保险在风险管理中的作用

（一）风险是保险和风险管理的共同对象

风险的存在是保险得以产生、存在和发展的客观原因与条件，并成为保险经营的对象。但是，保险不是唯一的处置风险的办法，更不是所有的风险都可以保险。从这一点上看，风险管理所管理的风险要比保险的范围广泛得多，其处理风险的手段也比保险多。保险只是风险管理的一种财务手段，它着眼于可保风险事故发生前的预防、发生中的控制和发生后的补偿等综合治理。尽管在处置风险手段上存在这些区别，但它们所管理的共同对象都是风险。

（二）保险是风险管理的基础，风险管理又是保险经济效益的源泉

（1）风险管理源于保险。从风险管理的历史上看，最早形成系统理论并在实践中广泛应用的风险管理手段就是保险。在风险管理理论形成以前的相当长的时间里，人们主要通过保险的方法来管理企业和个人的风险。从20世纪30年代初期风险管理在美国兴起，到20世纪80年代形成全球范围内的国际性风险管理运动，保险一直是风险管理的主要工具，并越来越显示出其重要地位。

（2）保险为风险管理提供了丰富的经验和科学资料。由于保险起步早，业务范围广泛，经过长期的经营活动，积累了丰富的识别风险、预测与估价风险以及防灾防损的经验和技术资料。掌握了许多风险发生的规律，制定了大量的预防和控制风险的行之有效的措施。所有这些都为风险管理理论和实践的发展奠定了基础。

（3）风险管理是保险经济效益的源泉。保险公司是专门经营风险的企业，同样需要进行风险管理。一个卓越的保险公司并不是通过提高保险费率、惜赔等方法来增加利润的。它是通过承保大量的同质风险，通过自身防灾防损等管理活动，力求降低赔付率，从而获得预期利润的。作为经营风险的企业，拥有并运用风险管理技术为被保险人提供高水平的风险管理服务，是除展业、理赔、资金运用等环节之外最为重要的一环。

（三）保险业是风险管理的一支主力军

保险业是经营风险的特殊行业，除不断探索风险的内在规律，积极组织风险分散和经济补偿之外，保险业还造就了一大批熟悉各类风险发生变化特点的风险管理技术队伍。他们为了提高保险公司的经济效益，在直接保险业务之外，还从事有效的防灾防损工作，使大量的社会财富免遭损失。保险公司还通过自身的经营活动和多种形式的宣传，培养国民的风险意识，提高社会的防灾水平。保险公司的风险管理职能，更多的是通过承保其他风险管理手段所无法处置的巨大风险，来为社会提供风险管理服务的。因此，保险是风险管理的一支主力军。

三、保险在风险管理中的应用范围

风险的类型多种多样，风险管理可选择的技术也有很多，保险是风险管理的技术之一。但并不是所有的风险都适合或可以采用保险的方法来处理，也就是说，保险公司并非无险不保。这就涉及可保风险，即可以被保险公司所接受承保的风险。可保风险的条件如下。

（一）风险为纯粹风险，而非投机风险

保险的基本职能是对损失进行补偿。纯粹风险由于只有损失机会而无获利可能，对其损

失进行补偿符合保险的宗旨。投机风险不能成为可保风险，原因是：其一，若保险人承保投机风险，则无论是否发生损失，被保险人都将可能因此而获利，这就有违保险的损失补偿原则；其二，投机风险不具有意外事故性质，一般多为投机者有意识行为所致，而且影响因素复杂，难以适用大数法则。

（二）可保风险具有偶然性和意外性

风险发生的偶然性是针对单个风险主体来讲的，它是指风险的发生与损失程度是不可知的、偶然的。对于必定会发生或已经发生的风险事故，保险人是不会予以承保的。例如，一个已身患绝症的病人投保死亡保险、汽车已经碰撞了再去买保险、机器设备的折旧和自然损耗等，保险公司是不会承保的。

风险发生的意外性强调的是风险事故的发生和损失后果的扩展都非投保方的故意行为所致。故意行为易引发道德风险，且发生是可以预知的，不符合保险经营的原则，只要是投保人和被保险人的故意行为所致的损失，任何一种保险都将其列为除外责任。

（三）风险载体是大量的、独立的同质风险

理想的可保条件之一就是其风险载体是大量的、独立的同质风险。这里的"大量"是指实际存在并且保险公司可以承保到的风险单位必须具有一定的数理基础；否则，实际的损失率和预期的损失率会有较大范围的波动。风险载体的独立，是指风险载体发生事故的概率和损失的后果互不影响。例如，保险公司在承保分布密集的木结构建筑的火灾风险时就需慎重考虑。保险以大数法则作为建立保险基金的数理基础，这就需要有大量同质风险的存在。同质风险是指风险单位在种类、品质、性能、价值等方面大体相近。如果风险不同质，风险事故发生的概率就不同，集中处理这些风险将很困难。只有存在大量同质的风险单位且只有其中少数风险单位受损时，才能体现大数法则所揭示的规律，正确计算损失概率。

（四）可保风险具有现实可测性

作为可保风险，它的预期损失必须是可以被测定和计算的，这意味着必须有一个在一定合理精确度以内的可确定的概率分布。风险的可测性是掌握其损失率，进而厘定保险费率的基础和必要条件。

这里需要注意的是，建立在经验基础上的损失概率分布对预测未来的损失是有用的，它有个充分必要条件，那就是导致未来事件发生损失的因素要与过去的因素基本相一致。比如说，近年来，中国鼓励私人购车，鼓励轿车进入家庭，在许多城市私家车猛增，这样新司机也猛增，交通事故也较以前大大增加。在制定车险费率时，很显然就不能以10年前的车辆损失概率分布作为现在的费率依据。

（五）可保风险损失的程度不宜偏大或偏小

如果损失的程度偏大，有可能超过保险公司的财务承受能力，影响保险经营的稳定性。

比如海啸、大地震，以及卫星发射时爆炸、航天飞机的失事等都属于巨灾风险，它们往往使风险载体的独立性不复存在，保险人面临的将是系统性风险。如果这样的风险载体成为保险标的，一旦发生保险事故，保险人将会无力赔付。因此，在普通保险合同条款中，往往将战争、地震等其他的巨灾风险作为除外责任。

相反，如果导致损失的可能性只局限于轻微的范围，就不需要通过保险来获取保障。一

方面，对于投保人来说在经济上不合算，完全可以通过其他的方式(比如风险自留)来对风险进行管理；另一方面，对于保险人来说，对过于微小的损失进行承保则会加大经营的成本，因此也是不理想的。

需要注意的是，可保风险是个相对概念，而不是个绝对概念。随着社会经济的发展，保险业的不断改革完善，可保风险的某些条件可能会放宽，标准也会不断降低。例如，对于精神伤害，由于其不能用货币来衡量，不具有现实的可测性，因而排除在可保风险的条件之外，但现在很多国家的保险公司已经将其考虑在保险责任范围中了；再比如巨灾风险，过去是不可保的，而现在由于出现再保险而变得可保了。因此，可以说可保风险的条件是在不断发展变化的。

第四章　炼化基础知识

第一节　典型炼化装置原油加工方案

原油加工方案是指生产什么产品及使用什么样的加工过程来生产这些产品。原油加工方案的确定取决于诸多因素，例如市场需要、经济效益、投资力度、原油的特性等。选择的加工方案适应原油的特性，则可以做到用最小的投入获得最大的产出。

根据加工得到的产品不同，炼油厂原油加工方案主要有以下四种基本类型。

一、燃料型

燃料型加工方案得到的产品基本为汽油、喷气燃料、柴油、燃料油和石油焦等燃料。此种加工方式的特点是通过常减压蒸馏工艺最大限度分出原油中的轻质馏分汽油、煤油和柴油，然后再利用催化裂化和焦化等工艺将重质馏分转化为轻质油。随着以原油为源头的下游化工产品的快速发展，目前，大多数单一的燃料加工型炼厂已转变为燃料—化工型炼厂。

二、燃料—润滑油型

燃料—润滑油型加工方案除生产各种燃料外，部分或大部分减压馏分油和减压渣油还被用于生产各种润滑油产品。原油通过一次加工将其中的轻质馏分分出，剩余的重质馏分通过各种润滑油生产工艺，如溶剂脱沥青、溶剂精制、溶剂脱蜡、白土精制或加氢精制等，生产各种润滑油基础油。

石蜡基原油大多数采用的是燃料—润滑油型加工方案。

三、燃料—化工型

燃料—化工型加工方案除生产燃料产品外，还生产化工原料及化工产品，具有燃料型炼厂的各种工艺及装置，同时还包括一些化工装置。原油先经过一次加工分出其中的轻质馏分，其余的重质馏分再进一步通过二次加工转化为轻质油。轻质馏分一部分用作燃料，一部分通过催化重整、裂解工艺制取芳烃和烯烃，作为有机合成的原料。以芳烃和烯烃为基础原料，通过化工装置还可生产醇、酮、酸等基本有机原料和化工产品。这种加工方案体现了充分利用石油资源的要求，也是提高炼油厂经济效益的重要途径，是目前石油加工的发展方向。

四、燃料—润滑油—化工型

燃料—润滑油—化工型加工方案除生产各种燃料和润滑油外，还生产石油化工原料及产品，这种加工方式是燃料—润滑油加工方案向化工方向发展的结果。

第二节 炼化装置主要生产工艺

一、常减压蒸馏装置

常减压蒸馏是常压蒸馏和减压蒸馏的总称,因为两个装置通常在一起,故称为常减压蒸馏装置。炼厂典型常减压蒸馏装置如图4-1所示。常减压蒸馏是炼油厂石油加工的第一道工序,称为原油的一次加工,包括三个工序:电脱盐、脱水;常压蒸馏;减压蒸馏。常减压蒸馏典型工艺流程如图4-2所示。

图4-1 炼厂典型常减压蒸馏装置

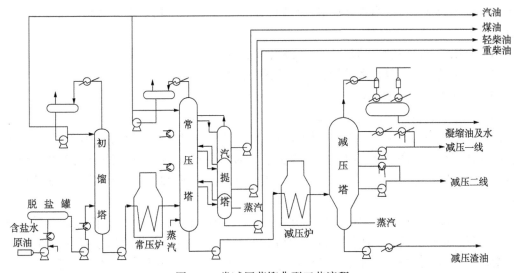

图4-2 常减压蒸馏典型工艺流程

(一)电脱盐、脱水

在油中表面活性物质(如环烷酸、胶质、沥青质等)分散在水滴的表面,使水滴稳定地分散在油中，从而阻止了水滴的聚集。因此，脱水的关键是破坏乳化剂的作用，使油水不能形成乳状液，细小的水滴就可以相互聚集成大的颗粒、沉降，最终达到油水分离的目的。原油中的盐类大部分溶于所含的水中，因此脱盐、脱水是同时进行的。

1. 破乳方法

化学破乳法：针对乳状液的性质，加入相应的化学破乳剂，可将稳定的乳状液转化为不稳定的状态，从而达到脱盐、脱水的目的。破乳剂本身也是表面活性物质，但它的性质与乳化剂相反，它是水包油型表面活性剂。破乳剂的破乳作用是在油水界面进行的。它能迅速浓集于界面，与乳化剂相竞争，夺取界面位置而被吸附。原有的比较牢固的吸附膜被削弱甚至破坏，小水滴就比较容易聚结，进而沉降分离出来。

电破乳法：加适当的破乳剂和高压电场联合作用的方法。

2. 电脱盐方法

在高压交流电场内，原油中的微小水滴受到电场极化作用聚集成大水滴，在油水密度差的作用下，水滴在油中沉降分离，原油中的盐溶解于水，随水脱除。沉降到下部水中的固体杂质也随水排出或沉积在罐底部。

（二）常压蒸馏

原油之所以能够利用蒸馏的方法进行分离，其根本原因在于原油内部各组分的沸点不同。在原油加工过程中，把原油加热到360~370℃进入常压蒸馏塔，在汽化段进行部分汽化，其中汽油、煤油、轻柴油、重柴油这些较低沸点的馏分优先汽化成为气体，而蜡油、渣油仍为液体。

初馏塔的作用是及时蒸出原油在前序换热升温过程中已经汽化的汽油，使其不进入常压加热炉，以降低常压加热炉的热负荷和原油换热系统的操作压力，从而降低装置能耗和操作费用。

原油的常压蒸馏，即为原油在常压(或稍高于常压0.13~0.16MPa)下进行的蒸馏，所用的蒸馏设备称为常压塔。由于常压塔的原料和产品不同于一般精馏塔，因此它具有以下工艺特点：

（1）常压塔的原料和产品都是组成复杂的混合物。

（2）常压塔是一个复合塔结构，有侧线采出产品。

（3）常压塔下部设置汽提段，侧线产品设汽提塔。

（4）常压塔常设置中段循环回流。

通常在常压塔的旁边设置若干个侧线汽提塔，这些汽提塔重叠起来，但相互之间是隔开的，侧线产品从常压塔中部抽出，送入汽提塔上部，从该塔下注入水蒸气进行汽提，汽提出的低沸点组分同水蒸气一道从汽提塔顶部引出返回主塔，侧线产品由汽提塔底部抽出送出装置。

常压塔上部的精馏段引出部分液相热油(或者是侧线产品)，经与其他冷流介质换热或冷却后再返回塔中，返回口比抽出口通常高2~3层塔板。在保证各产品分离效果的前提下，回收常压塔中多余的热量。在相同的处理量下可缩小塔径，或在相同的塔径下可提高塔的处理能力。

（三）减压蒸馏

减压蒸馏是在负压状态下进行的蒸馏过程。由于物质的沸点随外压的减小而降低，因此在较低的压力下加热常压重油，就会在较低的温度下汽化，从而避免了高沸点馏分的裂解。通过减压精馏塔可得到这些高沸点馏分，而塔底得到的是沸点在500℃以上的减压渣油。

减压蒸馏的原理与常压蒸馏相同，关键是减压塔顶采用了抽真空设备，使塔顶的压力降到几千帕(绝对压力)。抽真空设备的作用是将塔内产生的不凝气和吹入的水蒸气连续地抽走以保证减压塔的真空度要求。减压塔的抽真空设备常用的是蒸汽喷射器或机械真空泵。其中，机械真空泵只在一些干式减压蒸馏塔和小型炼油厂的减压塔中采用，而广泛应用的是蒸汽喷射器。

二、催化裂化装置

原油经常减压蒸馏得到的重质馏分油和残渣油需要进一步加工为轻质油品，催化裂化是最常用的重质馏分生产汽油、柴油的加工工序，是原油二次加工的核心工艺，是炼油厂经济效益最高的装置。炼厂典型催化裂化装置如图4-3所示。

催化裂化过程是以减压馏分油、焦化蜡油等重质馏分油或渣油为原料，在较低压力和450~510℃条件下，在催化剂存在下，发生一系列化学反应，转化成气体、汽油、柴油等轻质产品和焦炭的过程。催化裂化产品具有以下几个特点：

(1) 轻质油收率高，可达70%~80%。

(2) 催化裂化汽油的辛烷值高，汽油的安定性也较好。

(3) 催化裂化柴油十六烷值较低，常与直馏柴油调和使用或经加氢精制提高十六烷值，以满足规格要求。

(4) 催化裂化气体，C_3和C_4气体占80%，其中C_3丙烯又占70%，C_4中各种丁烯可占55%，是优良的石油化工原料和生产高辛烷值组分的原料。

图4-3 炼厂典型催化裂化装置

催化裂化组成单元包括反应—再生单元、分馏单元、吸收—稳定单元和能量回收单元。

催化裂化典型工艺流程如图 4-4 所示。

催化裂化原料主要是 350~540℃馏分的重质油，一般以减压馏分油和焦化蜡油为原料，但是随着原油的日趋变重的趋势和市场对轻质油品的大量需求，部分炼厂开始掺炼减压渣油，甚至直接以常压渣油为裂化原料。催化裂化所得的产物经分馏后可得到气体、汽油、柴油和重质馏分油。有部分油返回反应器继续加工称为回炼油。催化裂化汽油性质稳定、辛烷值高，故用作航空汽油和高辛烷值汽油的基本组分。

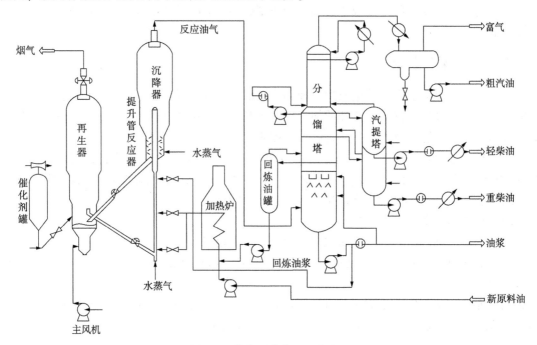

图 4-4　催化裂化典型工艺流程

（一）反应—再生单元

原料经换热后与回炼油混合经对称分布物料喷嘴进入提升管，上升过程中在高温和催化剂的作用下反应分解。反应油气经沉降器顶部的旋风分离器(一般为多组)分离出夹带的催化剂后，进入分馏塔进行分馏。积有焦炭的催化剂进入沉降器下段的汽提段，经水蒸气汽提后到达沉降器底部经待生斜管进入再生器底部的烧焦罐。

再生器的主要作用是烧去催化剂上的积炭，使其活性得以恢复。首先主风机将压缩空气送入辅助燃烧室进行高温加热，经辅助烟道通过主风分布管进入再生器烧焦罐底部。从反应器过来的催化剂在高温大流量主风的作用下被加热上升，催化剂表面附着的焦炭在高温下燃烧分解为烟气，烟气经再生器顶部的旋风分离器分离出夹带的催化剂后，排入烟道，催化剂进再生斜管送至提升管。

（二）分馏单元

分馏系统的作用是将反应—再生系统的产物进行分离，得到部分产品和半成品。由反应—再生系统来的高温油气进入分馏塔下部，经装有挡板的脱过热段脱热后进入分馏段，经分馏后得到富气、粗汽油、轻柴油、重柴油、回炼油和油浆。富气和粗汽油去吸收稳定系统；轻、重柴油经汽提、换热或冷却后出装置，回炼油返回反应—再生系统进行回炼。油浆的一部分送反应—再生系统回炼，另一部分经换热后循环回分馏塔。为了取走分馏塔的过剩热量以使塔内气、液相负荷分布均匀，在塔的不同位置分别设有多个循环回流：顶循环回流、一中段回流、二中段回流和油浆循环回流。

（三）吸收—稳定单元

从分馏塔顶油气分离器出来的富气中带有汽油组分，而粗汽油中则溶解有 C_3、C_4 甚至 C_2 组分。吸收—稳定系统的作用就是利用吸收和精馏的方法将富气和粗汽油分离成干气（$\leqslant C_2$）、液化气（C_3、C_4）和蒸气压合格的稳定汽油。

（四）能量回收单元

由于催化剂再生时产生的烟气携带有大量热能和压力能，回收这部分能量，可以降低生产成本和能耗，提高经济效益。对于大型装置，一般采用烟气轮机回收压力能，用作驱动主风机的动力和带动发电机发电；用余热锅炉进行热能回收，以产生蒸汽，供汽轮机使用或外输。

三、催化加氢装置

催化加氢的主要目的是提高原油加工深度，合理利用石油资源，提高产品中轻质油收率。催化加氢是指石油中间馏分在催化剂存在的条件下与氢气发生反应的过程。目前，主要的加氢过程有加氢精制和加氢裂化。

（一）加氢精制

1. 加氢精制工艺原理及特点

加氢精制一般是指对某些不能满足使用要求的石油产品通过加氢工艺进行再加工，使之达到规定的性能指标。加氢精制工艺是各种油品在氢压力下进行催化改质的一个统称。它是指在一定的温度和压力、有催化剂和氢气存在的条件下，使油品中的各类非烃化合物发生氢解反应，进而从油品中脱除，以达到精制油品的目的。加氢精制主要用于油品的精制，其主要目的是通过精制来改善油品的使用性能。

加氢精制的优点：原料的范围广，产品灵活性大，可处理一次加工或二次加工得到的汽油、喷气燃料、柴油等，也可处理催化裂化原料、重油或渣油等；液体产品收率高，质量好（安定性好，无腐蚀性）。

因此，加氢精制已成为炼油厂中广泛采用的加工过程，也正在取代其他类型的油品精制方法。此外，由于催化重整工艺的发展，可提供大量的副产氢气，为发展加氢精制工艺创造了有利条件。氢气来源一般有两种：一是利用催化重整的副产物——氢气；二是采用制氢装置生产的氢气。加氢精制工艺耗氢量要比同样规模的加氢裂化少，在加氢精制装置中有大量的氢气进行循环使用，称为循环氢。

目前，中国加氢精制技术主要用于：二次加工汽油和柴油的精制，例如用于改善焦化柴油的颜色和安定性；提高渣油催化裂化柴油的安定性和十六烷值；从焦化汽油制取乙烯原料或催化重整原料；某些原油直馏产品的改质和劣质渣油的预处理，如直馏喷气燃料通过加氢精制提高烟点；减压渣油经加氢预处理，脱除大部分的沥青质和金属，可直接作为催化裂化原料。

2. 加氢精制工艺流程

加氢精制的工艺过程多种多样，按加工原料的轻重和目的产品的不同，可分为汽油、煤油、柴油和润滑油等馏分油的加氢精制，其中包括直馏馏分和二次加工产物，此外，还有渣油的加氢脱硫。加氢精制的工艺流程虽因原料不同和加工目的不同而有所区别，但其化学反应的基本原理是相同的。因此，各种石油馏分加氢精制的原理、工艺流程原则上没有明显的区别。

以柴油加氢精制为例，其工艺流程一般包括反应系统，生成油换热、冷却、分离系统和循环氢系统三部分，典型工艺流程如图4-5所示。

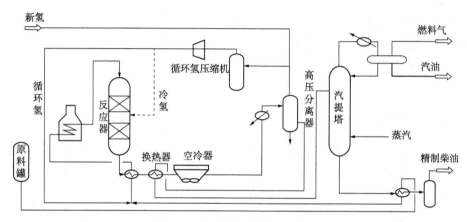

图4-5 柴油加氢精制工艺流程

1. 反应系统

原料油与新氢、循环氢混合，并与反应产物换热后，以气液混相状态进入加热炉，加热至反应温度进入反应器。反应器内的催化剂一般是分层填装，以利于注冷氢来控制反应温度。循环氢与油料混合物通过每段催化剂床层进行加氢反应。

2. 生成油换热、冷却、分离系统

反应产物从反应器的底部出来，经过换热、冷却后，进入高压分离器。在冷却器前要向产物中注入高压洗涤水，以溶解反应生成的氨和部分硫化氢。反应产物在高压分离器中进行油气分离，分出的气体是循环氢，其中除主要成分氢气外，还有少量的气态烃(不凝气)和未溶于水的硫化氢。分出的液体产物是加氢生成油，其中也溶解有少量的气态烃和硫化氢。生成油进入汽提塔塔底产物是精制柴油，塔顶得到燃料气和汽油。

3. 循环氢系统

从高压分离器分出的循环氢经储罐及循环氢压缩机后，小部分(约30%)直接进入反应器作冷氢，其余大部分送去与原料油混合，在装置中循环使用。为了保证循环氢的纯度，避免硫化氢在系统中积累，常用硫化氢回收系统。一般用乙醇胺吸收除去硫化氢，富液(吸收液)再生循环使用，解吸出来的硫化氢送到制硫装置回收硫黄，净化后的氢气循环使用。

（二）加氢裂化

1. 加氢裂化工艺原理及特点

加氢裂化工艺是重要的重油轻质化加工手段，它是以重油或渣油为原料，在一定的温度、压力和有氢气存在的条件下进行加氢裂化反应以提高油品的氢碳比，从而获得最大数量

(转化率可达 90% 以上)和较高质量的轻质油品。

加氢裂化实质上是加氢和催化裂化过程的有机结合,一方面能使重质油品通过裂化反应转化为汽油、煤油和柴油等轻质油品;另一方面,又可防止像催化裂化那样生成大量焦炭,而且还可将原料中的硫、氯、氧化合物杂质通过加氢除去,使烯烃饱和。

加氢裂化装置的特点:

(1) 对原料油的适应性强,可加工直馏重柴油、催化裂化循环油和焦化馏出油,甚至可用脱沥青重残油生产汽油、航空煤油和低凝点柴油。

(2) 生产方案灵活,可根据不同季节要求来改变生产方案。

(3) 产品质量好,轻质油收率高。

2. 加氢裂化工艺流程

加氢裂化是一个集催化反应技术、炼油技术和高压技术于一体的工艺装置。其工艺流程的选择与催化剂性能、原料油性质、产品品种、产品质量、装置规模、设备供应条件及装置生产灵活性等因素有关。

加氢裂化的工业装置按不同分类方法可分为多种类型:

(1) 按反应器中催化剂所处的状态不同,可分为固定床、沸腾床和悬浮床等几种形式。

(2) 根据原料和产品目的不同,还可细分出很多种形式,如馏分油加氢裂化、渣油加氢裂化以及单段流程、一段串联流程和两段流程加氢裂化等。

(3) 按尾油循环方式不同,可分为一次通过法、部分循环法和全循环法。

固定床是指将颗粒状的催化剂放置在反应器内,形成静态催化剂床层。原料油和氢气经升温、升压达到反应条件后进入反应系统,先进行加氢精制以除去硫、氮、氧杂质和二烯烃,再进行加氢裂化反应。反应产物经降温、分离、降压和分馏后,目的产品送出装置,分离出含氢较高(80%、90%)的气体,作为循环氢使用。未转化油(称尾油)可以部分循环、全部循环或不循环一次通过。

根据原料及目的产品的不同,固定床加氢裂化大致分为下列几种流程(图 4-6)。

(1) 单段加氢裂化流程(图 4-6)。

单段加氢裂化流程中只有一个反应器,原料油加氢精制和加氢裂化在同一反应器内进行。反应器上部为精制段,下部为裂化段。单段加氢裂化尾油可用三种方案操作:尾油一次通过、尾油部分循环和尾油全部循环。

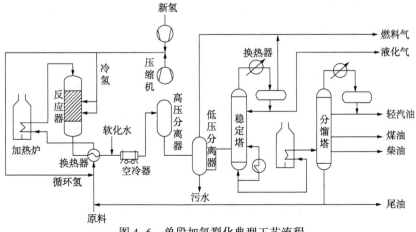

图 4-6　单段加氢裂化典型工艺流程

（2）两段加氢裂化流程(图4-7)。

两段加氢裂化流程中有两个反应器，分别装有不同性能的催化剂。第一个反应器中主要进行原料油的精制；第二个反应器中主要进行加氢裂化反应，形成独立的两段流程体系。

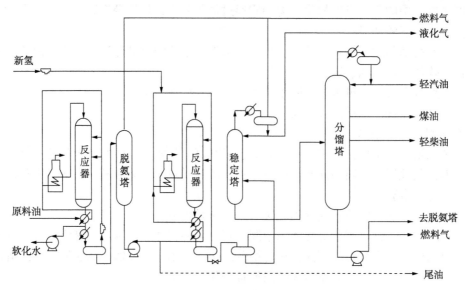

图 4-7　两段加氢裂化典型工艺流程

（3）串联加氢裂化工艺流程(图4-8)。

串联流程是两段流程的发展，其主要特点在于：使用了抗硫化氢、抗氨的催化剂，因而取消了两段流程中的汽提塔，使加氢精制和加氢裂化两个反应器直接串联起来，省掉了一整套换热、加热、加压、冷却、减压和分离设备。

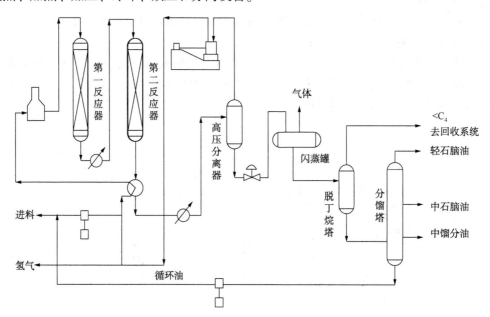

图 4-8　串联加氢裂化典型工艺流程

沸腾床工艺是借助流体流速带动具有一定颗粒度的催化剂运动，形成气、液、固三相床层，从而使氢气、原料油和催化剂充分接触而完成加氢反应过程。沸腾床工艺可以处理金属含量和残炭值较高的原料，并可使重油深度转化，但反应温度较高，一般在 400~450℃ 范围内。

悬浮床加氢工艺，其原理与沸腾床相类似，其基本流程是以细粉状催化剂与原料预先混合，再与氢气一起进入反应器自下而上流动，催化剂悬浮于液相中，进行加氢裂化反应，催化剂随着反应产物一起从反应器顶部流出。该装置能加工各种重质原油和普通原油渣油，但装置投资大。

四、催化重整装置

催化重整是在一定温度、压力、临氢和催化剂存在的条件下，使石脑油转变为富含芳烃的重整汽油并副产氢气的过程，目前，工业重整装置可分为固定床反应器半再生式和移动床反应器连续再生式(连续重整)两大类工艺流程。连续重整装置由原料预处理、重整反应、催化剂连续再生三部分及其他公用工程组成。装置一般以常压石脑油(占 60%)及加氢裂化石脑油(占 40%)为原料，经预处理精制、拔头(生成拔头油)后，精制油在 480~540℃、0.35MPa 下，经过环烷烃脱氢、烷烃环化脱氢等，转化生成芳烃含量达 80% 的高辛烷值汽油、氢气、液化气、戊烷油、干气等产品。

全馏分石脑油进入装置后先进行预处理，通过加氢精制、汽提的方法脱除硫、氮、砷、铅、铜和水等杂质，然后经过分馏切除其中的轻组分(轻石脑油)。预处理的精制油进行重整反应，生成富含芳烃的重整生成油，并富产含氢气体。重整产物气液分离后，含氢气体一部分作为循环氢使用，另一部分作为产氢去变压吸附(PSA)系统；液体进脱戊烷塔，脱戊烷塔顶油去 C_4/C_5 分离塔，将液化气和戊烷油分离，脱戊烷塔底油作为重整高辛烷值汽油组分出装置。催化剂采用连续再生方式，经过烧焦并进行氯化、氢还原后重新循环回到反应器。

第三节 炼化装置主要工艺设备

炼油化工企业的工艺装置是由不同类型设备组合而成的，各装置的生产产品不同，装置线上配备的设备也不同，按设备在生产中的作用，可以将其归纳为反应设备、加热设备、换热设备、流体输送设备、气体输送设备、储存设备等。

炼油化工企业生产中，生产介质大多是易燃易爆、有毒有害、高腐蚀性介质，部分生产流程中生产条件属高温高压的苛刻条件，且炼化生产连续性强，生产装置大型化、控制自动化程度高，要求设备既要满足工艺生产条件，又能够安全稳定运行，同时还要具备较高的技术经济指标，便于日常保养、维护、操作等优势。随着炼油化工工艺、技术的革新发展，炼化设备也在向设计合理、性能优良的方向发展。

一、反应设备

炼油化工生产主要由物理加工过程和化学加工过程组成，物理加工过程一般为蒸馏、萃取、干燥等，通过沸点或化学性质分离组分，而化学加工过程是在反应设备内、一定的反应条件下发生化学反应获取目标产物的。化学加工过程是许多炼油化工装置的核心工艺，故其反应设备是许多生产的关键设备。反应设备的主要功能是提供反应场所，并达到反应所需的温度、压力条件，维持反应条件使反应按预定进程发展得到合格产物。

（一）反应设备分类

反应设备一般根据结构、用途、操作方式等进行分类。最常见的是按反应设备的结构进行分类，可分为塔式反应器、釜式反应器、管式反应器、固定床反应器、流化床反应器等类型；按用途可分为催化重整反应器、加氢裂化反应器（图4-9）、催化裂化反应器、管式反应炉、合成氨塔、氯乙烯聚合釜等；按操作方式可分为连续式操作反应器、间歇式操作反应器、半间歇式操作反应器等。

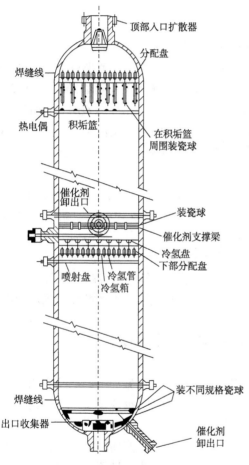

图4-9　加氢裂化反应器结构

1. 塔式反应器

塔式反应器主要用于气液反应以提供较大的气液接触面积，常用的有填料塔式反应器、鼓泡塔式反应器和板式塔式反应器。

填料塔式反应器的特点是气液返混少，液体不易气泡，反应器耐腐蚀，压降小，结构是圆筒塔体内设有一定高度的填料层，以及液体喷淋、液体再分布和填料支承等装置。

鼓泡塔式反应器呈圆筒状，圆筒直径一般不超过3000mm，其顶部设有气液分离器，底部设有气体分布器，塔体内外部均可安装各种传热装置或零部件。

板式塔式反应器的特点是气体、液体逆向流动使得气液流动接触面积大，返混小，传热效果好，液相转化率高，主要结构是圆筒塔体内设有多层塔板和溢流装置，各层塔板上存留一定的液体，气体通过塔板时，气液两相在塔板上接触反应。

2. 釜式反应器

釜式反应器的特点是投资少、投产快，操作灵活方便，主要由壳体、密封装置、搅拌装置、传热装置和各种接管构成。

3. 管式反应器

管式反应器的特点是反应物流速高，反应速率快，生产效率高，故适用于大型、连续生产。管式反应器是由多根细管串联或并联组成的，且反应器的长度直径比较大，可达50~100，并且反应物浓度和反应速率不随时间变化，只与管长有关，常见的有直管式、U形形式、盘管式和多管式等几种。

4. 固定床反应器

固定床反应器是固体物料形成的床层固定不动，流体流经固体发生化学反应的设备，最常见的是气固两相催化反应的固定床反应器。根据床层的数量，可以分为单段式和多段式两种反应器类型。

单段式固定床反应器的特点是结构简单，造价低，反应器体积利用率高。单段式固定床反应器的结构一般为高径比不大的圆筒体，其下部装有栅板等板件，上部装有均匀堆置一定厚度的催化剂固体颗粒的催化剂床层。

多段式固定床反应器的特点是便于调节反应温度，可防止温度变化大超出反应允许范围，结构较单段式固定床反应器复杂。多段式固定床反应器的结构是圆筒体反应器内设有多个催化剂床层，物料的换热可以在各个床层之间以多种方式进行。

5. 流化床反应器

流化床反应器是一种利用气体或液体通过颗粒状固体层而使固体颗粒处于悬浮运动状态，并进行气固相反应或液固相反应的反应器，使固体颗粒在反应器内部循环运动或随流体从反应器流出。流化床反应器中运动着的流体携带细小的固体颗粒，使固体颗粒像流体一样具有自由流动的性质，称为固体的流态化。

流化床反应器形式较多，一般由壳体、内部构件、固体颗粒装卸设备、气体分布装置、气固分离装置、换热装置等构成。根据床层结构，可分为圆筒式、圆锥式和多管式等类型。

流化床反应器运行过程中气固湍动，混合剧烈，传热效率高，床层内温度均匀，反应速率快。物料的流态化可将催化剂作为载热体使用，有利于生产过程大型化、连续化和自动控制。其缺点是气固返混大，催化剂和设备内壁磨损严重，一般设有回收和集尘装置，内部构件复杂，操作要求高。

（二）反应设备工作过程

炼油化工生产过程中，在反应设备中发生的不仅仅是化学反应，还伴随着流体流动，物料传质、传热、混合等物理过程，且化学反应的机理、过程、速率遵循化学动力学规律。对于气液反应，反应速率除与温度、浓度相关外，还与相界面的大小和相间的扩散速率相关；对于气固反应，无论反应条件如何，气相组分都需先扩散到固体催化剂表面，再与催化剂发生反应，化学反应过程是反应设备的工作过程。

生产中化学反应原料种类多，反应过程复杂，不同的加工目标对产物的要求不同，为了满足工艺要求，反应设备的结构类型和尺寸多样，操作方式、工作条件不同。对于间歇式操作反应设备，一次性加入原料；对于连续式操作的反应设备，持续加入原料。反应设备的结构、尺寸、操作条件和操作方式都将影响流体的流动状态和物料的传热、传质及混合等传递过程。上述传递过程是实现反应的必要条件。因此，反应设备的工作过程是以化学动力学为基础的反应过程和以热量传递、质量传递、动量传递为基本内容的传递过程同时进行、相互作用、相互影响的复杂过程。

二、加热设备

炼油化工生产过程中，部分工艺需要在较高的温度下进行，加热设备的作用是将原料加热到一定的温度使其汽化，或者为反应提供足够的能量，加热设备一般称为加热炉，随着炼油化工技术的发展，所用炉型也在不断更新改进，结构紧凑，热负荷、热效率大幅提高。

加热炉作为火力加热设备，按其结构特征，可分为圆筒炉、立式炉和斜顶炉，圆筒炉应用较多。管式加热炉由于直接受火加热、原料为液体或气体、可长周期连续运转等特点在炼油化工行业中应用较多。

（一）管式加热炉分类

管式加热炉有多种分类方式，主要按照功能和炉型分类。

1. 按功能分类

炼油化工企业中常用的管式炉可分为加热型和反应—加热型。

（1）加热型管式炉仅对管中流动介质进行加热，待介质被加热到一定的温度后，在后续设备中发生传质、传热和化学反应。这类加热炉应用较多，如炼油厂常减压蒸馏装置中的常压炉、减压炉和分馏塔进料炉，以及其他装置中反应器进料的加热炉等。

（2）反应—加热型管式炉的管内介质在流动过程中，管内流体在吸热的同时还发生着复杂的化学反应，故此类管式炉不仅是热传递媒介，还是需要火焰直接加热的化学反应的反应器，此类管式炉有乙烯裂解炉、制氢炉等。

2. 按炉型分类

按辐射盘管形式，可分为水平管式、立管式、U形管式、螺旋管式等；按照外形，可分为立式炉、箱式炉、圆筒炉、多室箱式炉等；按照燃烧器布置方式，可分为顶烧式、底烧式和侧烧式；按主要传热方式，可分为纯辐射炉、纯对流炉、辐射—对流型炉和双面辐射炉等。

（二）管式加热炉结构

管式加热炉主要由燃烧器、辐射室、对流室和烟囱等组成（图4-10）。

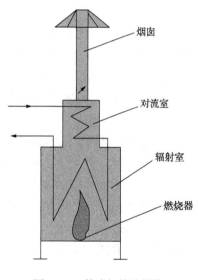

图4-10　管式加热炉结构

1. 燃烧器

燃烧器是加热炉的重要组成部分。管式加热炉的原料是气和油，对于炼油厂一般是常减压渣油，以油气为燃料的加热炉不需要燃煤炉那样复杂的燃烧辅助系统，火嘴的结构也较简单。被雾化后的燃料燃烧剧烈，需注意火焰与炉管的间距、燃烧器间的间距，尽量使炉膛均匀受热、火焰不冲刷炉管且在低氧条件下完全燃烧，故需重视燃烧器的选型和布置。

2. 辐射室

辐射室又称为燃烧室或炉膛，是管式加热炉的核心部件，是燃料燃烧的主要场所。辐射室内装有辐射炉管，辐射炉管以回弯头相连接的方式在炉膛圆周方向上垂直安装一周，通过燃烧产生的火焰和高温烟气的热量，被炉管内的原料吸收，达到加热的目的。

3. 对流室

对流室内装有对流炉管，对流炉管以回弯头相互连接，多层水平安装。燃料燃烧时，从辐射室进入对流室的高速高温气体冲刷对流管，气体与管内介质进行对流传热。为了提高传热效率，对流炉管通常采用埋弧焊加工的钉头管或高频焊加工的翅片管。

4. 烟囱

烟囱将炉膛内的烟气排入大气，若采用自然通风，烟囱内的压力低，将空气吸入炉内，为燃烧提供氧气。

(三) 管式加热炉的工作原理

管式加热炉以燃料在炉膛内燃烧所产生的高温火焰和烟气为热源，通过火焰和高温烟气的热辐射和对流将热量传递给炉管，炉管内高速流动的流体经炉管被加热。加热炉的主要特点是加热温度高、传热效率高、控制方便，有助于炼油化工行业的大型化、连续化生产。

加热炉的工作过程如下：加热炉底部的油气联合燃烧器将燃料油、燃料气雾化后喷入炉膛内，雾化燃料与空气充分混合达到完全燃烧，燃烧产生的高温烟气和火焰温度可达 1000~1500℃，通过热辐射的形式将热量传递给炉管内的流体；与炉管内的流体换热后炉膛内烟气温度降至 800℃ 左右，进入对流室，以对流传热的方式与对流炉管内流体进行热量交换；交换后烟气温度降至 200℃ 左右经烟囱排出。被加热的流体在管中自上而下流动，先流经对流炉管，再流经辐射炉管，在与高温烟气逆向流动的过程中被加热至生产工艺所需温度。

三、换热设备

换热设备在炼油化工生产中广泛用于物料的蒸发、加热、冷凝、冷却和深冷等工艺，其性能对产品质量、能源利用率、系统经济性、可靠性起重要作用。换热设备是炼油化工生产中必不可少的设备，经统计，炼油企业中换热设备的投资占工艺设备总投资的 35%~40%，且在冶金、动力、原子能等其他工业中也有广泛的应用。

(一) 换热设备的分类

换热设备种类众多，按使用目的分为换热器、冷凝器、冷却器和再沸器等，按换热方式分为直接混合式、蓄热式和间壁式。

1. 按使用目的分类

换热器将两种温度不同的流体进行热量交换，热量从高温流体向低温流体传递的过程中，满足了高温流体降温、低温流体升温的需要，起到了降低能耗、节约能源的作用。

冷凝器是两种不同温度的流体在其中进行热量交换，虽然温度变化不大，但由于其中一种流体的温度在液化点附近，由气体液化成液体。

重沸器(亦称再沸器)的工作原理与冷凝器相反，即有一种流体被加热后从液态变为气态，在重整、催化裂化等工艺中，重沸器用来提供塔底油品的热源。

冷却器是当流体的热量不回收利用时，为了将其冷却而采用的设备。根据冷却所用介质不同分为空冷器和水冷器，一般用作换热装置的后续设备，将产品冷却后输送至成品储罐。

2. 按换热方式分类

混合式换热设备是通过两种温度不同的流体直接接触或混合达到热量交换的目的，使用该换热设备的前提是两种流体允许完全混合，如凉水塔、气流干燥器等。

蓄热式换热设备是利用固定填料(卵石、多孔格子砖等)作为蓄热媒介，当高温流体流过固定填料表面时，固定填料吸收、积蓄热量，待停止高温流体流动，让低温流体流动时，低温流体吸收填料中的热量被加热，如此反复，填料吸收、放出热量实现两种流体的热交换。蓄热式换热设备需两台联合使用，一台流进高温流体，另一台流进低温流体，利用自动阀交替切换以保证生产的连续性，但是在来回切换过程中，两种流体在填料处会有少量残余，造成互相污染，故适用于气气之间的换热。

间壁式换热设备是利用一固体壁面隔开不同温度的两种流体，在固体壁面处进行热量传递，广泛应用于炼油生产企业，例如管壳式换热器，如图 4-11 所示。

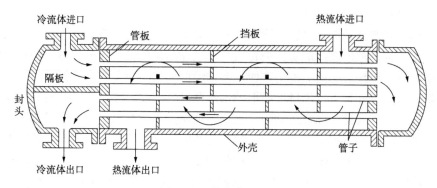

图 4-11　管壳式换热器

（二）换热设备工作原理

换热设备的工作原理核心是热量传递的过程，热量传递有传导、对流和辐射三种方式。

1. 传导

传导是热量自发从物体的高温部分沿物体向低温部分传递热量的方式。在传导传热过程中，高温部分的分子振动和相邻分子发生碰撞同时传递一部分动能，碰撞依次进行，能量就从高温部分传向低温部分，最终达到同一温度，并且在传导过程中，各分子的相对位置没有发生变化。物质不同，其分子运动能力和传导效率不同，以热导率来衡量物质的导热性能。

2. 对流

对流与传导不同，对流是靠液体/气体各分子间相对位置的变化来传递热量，传导传热过程热量沿物质传递，而对流传热是流体间的传热，且在对流传热中会伴有传导传热。由于温度不同，造成分子相对位置改变的传递过程是自然对流；在有温差的同时还有外力作用，使传热速度加快的传递过程是强制对流。由于炼油化工生产中大部分物料为液体，故对流传热应用更多。

3. 辐射

辐射传热是以电磁波的形式在空间传播，不需借助介质，当遇到物体时，辐射能被吸收转化为热能，管式加热炉的辐射室就是辐射传热。

四、流体输送设备

流体输送设备广泛应用于炼油化工及精细加工等领域，是将液体从一个设备输送到另一个设备，同时可能伴有压力增加、流速增加以满足工艺要求的设备，通常液体输送设备被称为泵。在炼油化工企业中，泵的用量很大，据统计，一座中型炼油厂有 1000 多台泵，离心泵占 83%，往复泵占 6%，齿轮泵占 3%，其余为螺杆泵和真空泵；一座中型炼油化工厂有泵 2000 多台，离心泵占 45%，齿轮泵占 23%，往复泵和螺杆泵各占 12%，屏蔽泵占 6%。泵被人们形象地比喻为炼油化工企业的"心脏"。

（一）泵的分类

按照泵的工作原理，泵可分为容积式泵、叶轮式泵及其他类型泵。

1. 容积式泵

容积式泵是依靠工作元件在泵缸（壳）内做往复或回转等周期性运动，导致工作容积的大小做周期性变化来实现液体的吸入和排出。根据工作元件的运动特点，可以分为往复泵和回转泵两种。

2. 叶轮式泵

叶轮式泵是依靠快速旋转的叶轮对液体的推动作用，将机械能传递给液体，使之动能和压力能增加，再利用泵缸将大部分动能转换为压力能实现流体输送。叶轮泵又称为动力式泵、叶片泵。

3. 其他类型泵

除容积式泵和叶轮式泵之外，还有其他类型的泵，比如射流泵、电磁泵、水锤泵等。

（二）泵的工作原理

容积式泵和叶轮式泵在炼油化工企业中使用广泛，以常见的往复泵、离心泵为例，介绍上述两个类型泵的工作原理

1. 往复泵的工作原理

往复泵是容积式泵的一种，依靠工作容积的周期性变化实现流体的吸入和排出，根据其结构特点，适用于要求计量准确，流量随压力变化小的情况下输送高压力、小流量的黏性液体。

往复泵由工作机构和运动机构组成，其工作机构由泵缸、活塞、吸入阀、排出阀、吸液管、排出管等组成（图4-12）。泵缸的吸入过程为：活塞的移动使泵缸的工作容积增大（对于图4-12，是从左端开始向右移动），泵缸内压力降低形成一定的真空，排液管中的压力高于泵缸内压力，排出阀处于关闭状态，而吸液管中的压力高于泵缸内压力，吸入阀打开，吸液池中的液体在大气压的作用下进入泵缸，完成吸入过程；吸入过程在活塞运动到右端点结束，随即开始排出过程，活塞向左移动积压泵缸内液体使压力升高，吸入阀关闭，排出阀被顶开，缸内液体从排液管排出。活塞往复运动一次，泵缸完成一次吸入、排出过程，即一个工作循环。活塞工作循环的简单重复就是往复泵的工作过程，活塞左端点至右端点的距离即是活塞的行程。

往复泵的运动机构由曲柄、连杆、十字头和驱动装置等组成，驱动装置带动曲轴旋转，通过曲柄连杆将曲轴的旋转运动转化为活塞的往复运动。

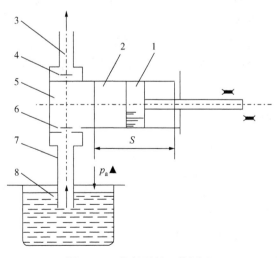

图 4-12 往复泵的工作原理

1—活塞；2—泵缸；3—排出管；4—排出阀；5—工作室；6—吸入阀；7—吸入管；8—容器；

p_a—大气压；S—活塞位移

2. 离心泵的工作原理

离心泵的装置结构如图4-13所示，其主要工作部件是叶轮。启动前用液体灌满泵，启动后叶轮内的液体在叶轮旋转过程中在离心力的作用下被甩向包裹在叶轮外的蜗壳，叶轮中心附近形成一定的真空，储液槽中的液体在大气压力的作用下经吸入管流入叶轮，被叶轮甩出的液体在流通界面逐渐扩大的流道内流动，流速沿流动方向降低，压力沿流动方向升高，液体不但能从排液管排出，还能输送到一定的高度。

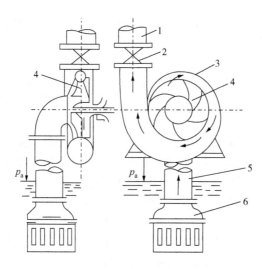

图4-13　离心泵的工作原理

1—排出管路；2—排出阀；3—泵体；4—叶轮；5—吸入管；6—底阀；p_a—大气压

若离心泵启动前泵体内没有灌满液体，离心泵的吸液口、排液口处于相通状态，叶轮中有空气，在旋转过程中产生的离心力不足以将叶轮内的空气甩出，叶轮中心部分构不成真空，无法从储液槽中吸入液体。

离心泵吸入管端部装有底阀，底阀为止逆阀，即储液槽内的液体可经底阀进入泵内，泵内的液体不能经底阀流出泵，泵停止运转时底阀自动关闭，防止出现液体倒流导致事故。

五、气体压缩与输送设备

压缩机被用于压缩和输送气体，与泵一样作为通用机械在炼油化工生产中应用广泛。加氢、重整、烷基化、临氢脱蜡等工艺需要压力较高的原料气，故利用压缩机对原料气进行加压处理；过滤、蒸发、蒸馏等单元操作需要在一定真空度的设备中进行，可利用压缩机将设备中的空气抽出满足真空度要求；压缩机还可用于对未反应的气体循环加压，在动力工程中为风动机械和自动化装置中的气动仪表等提供压缩空气，在制冷工程中对气体加压使之液化等。

（一）压缩机分类

压缩机和泵都是对流体加压和输送的设备，工作原理和结构相似，基本类型也大致相同，主要介绍以工作原理分类的情况，按照工作原理，可分为容积式压缩机和速度式压缩机两大类，每类又可分为若干种。

1. 容积式压缩机

容积式压缩机的工作原理类似于容积式泵，是利用工作容积的周期性变化吸入和排出气体，根据工作机构运动特点，可以分为往复式和回转式两种类型。

（1）往复式压缩机主要是活塞式压缩机和膜片式压缩机。

往复式压缩机结构与往复泵相似，曲柄连杆机构带动活塞在汽缸内往复运动使汽缸内的工作容积发生变化压缩气体，根据所需压力可以制成单级压缩机和多级压缩机，或单列压缩机和多列压缩机。

（2）回转式压缩机由机壳和绕定轴转动的一个或几个转子组成，利用转子转动带动工作容积的变化压缩气体，常见的有螺杆式、转子式、滑片式等，其中螺杆式压缩机应用较多，工作原理类似于螺杆泵。

2. 速度式压缩机

速度式压缩机的工作原理与叶片式泵相似，利用高速旋转的叶轮推动气体，对气体做功，气体在流道内做减速运动的过程中，动能转化为气体的静压能。根据气体在压缩机内的流动方向，可以将速度式压缩机分为离心式压缩机和轴流式压缩机两类。

（1）离心式压缩机的叶轮形状与离心泵相似，气体在压缩机中呈径向流动，但是气体密度较小，为了使叶轮提供足够大的离心力，直径就要比离心泵叶轮直径大很多，转速也比离心泵快很多，对离心式压缩机的制造工艺和精度提出很多要求，在现代大型石油化工生产中应用广泛。

（2）轴流式压缩机和离心式压缩机的工作原理一样，都是利用叶轮转动对气体做功，但是轴流式压缩机内的气体在螺旋式叶片的推动下做轴向运动后，进入导叶中降速、导流、增压。轴流式压缩机的气流路程短，阻力损失小，工作效率比离心式压缩机高，但是排气终压较低，一般用作大型鼓风机。

（二）压缩机的工作原理

根据上述分类，以常用的活塞式压缩机和离心式压缩机为例，介绍压缩机的工作原理。

1. 活塞式压缩机的工作原理

活塞式压缩机的工作原理与活塞泵类似，利用活塞在汽缸内往复运动改变工作容积而吸入、压缩气体，其形式和结构的特征主要有压缩机汽缸轴线在空间中的位置、级数、曲轴曲拐错角分布、列数和列的布置、运动机构构造等。在炼油厂中，以 L 型空气压缩机最为常见，其结构如图 4-14 所示。

L 型空气压缩机有两级汽缸，一级汽缸垂直布置，二级汽缸水平布置，在汽缸盖和汽缸座上布置有气阀。一级汽缸吸气口装有减荷阀，用来调节气量，排气口经中间冷却器和油水分离器与二级汽缸吸气口连通，两个汽缸吸气口一侧均安装吸气阀，排气口一侧均安装排气阀，冷却水将吸气道与排气道隔开，活塞穿过汽缸座的位置装有轴封填料。

气体从一级汽缸吸气道经各个吸气阀进入汽缸，在活塞的推动下经各个排气阀排出，并汇集在排气道内，经中间冷却器冷却和油水分离器将气体中所含的油、水分离后，进入二级汽缸进行第二次压缩。

两级汽缸的活塞杆均用螺纹与十字头连接，十字头滑道设在机身内，机身内所装曲轴由两个双列球面滚柱轴承支撑，曲轴上只有一个曲拐，两个连杆的大头装在同一个曲柄销上，小头利用浮动销分别与两个十字头相连。

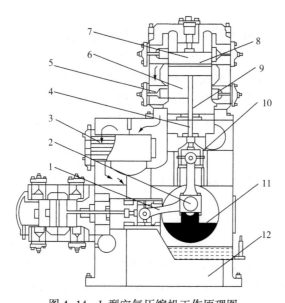

图 4-14　L 型空气压缩机工作原理图

1—连杆；2—曲柄；3—中间冷却器；4—活塞杆；5—气阀；6—汽缸；7—活塞；8—活塞环；

9—填料；10—十字头；11—平衡重；12—机身

机身上所装齿轮油泵和注油器均由曲轴经传动装置驱动，齿轮油泵为曲柄连杆机构和轴承提供润滑油，且润滑油循环使用；注油器为汽缸及调料提供润滑油，油随气体排出汽缸。汽缸和冷却器均通过水冷降温，汽缸壁上设有水套，冷却水首先进入冷却器对一级汽缸排出的气体进行冷却，流出冷却器后分两路从下部进入汽缸水套对汽缸进行冷却。

压缩机采用的气阀均为自动阀，在阀前后形成压力差的情况下自动启闭，排气终压受排气管内压力影响，随排气管内压力的升高而升高。冷却器上部装有安全阀，若排气终压升高到警戒值，安全阀自动打开放空，以保护压缩机。在曲轴的另一端装有飞轮，飞轮较大的转动惯量调节曲轴的转速波动。

活塞式压缩机的级由吸排气能力相同的汽缸构成，一个汽缸构成一级，也可由几个汽缸构成一级。活塞式压缩机的列是指由一个连杆带动的串联在一起的汽缸数，一个汽缸可以构成一列，几个汽缸也可以构成一列。

2. 离心式压缩机工作原理

离心式压缩机的基本构造和工作原理与离心泵相似，包含转子和定子两大部分。转轴及安装在其上的叶轮、轴套、平衡盘和联轴器等转动元件构成转子，安装在机壳内的扩压器、弯道、回流器、蜗壳、轴承、吸气室和排气室等固定元件构成定子。

离心式压缩机的结构如图 4-15 所示，主轴上装有叶轮，叶轮在主轴的带动下旋转时，气体由吸入室进入叶轮，叶轮推动气体高速向外圆流动，在离心力的作用下压力升高，高速气流离开叶轮后进入扩压器流道，在扩压器内随着流动面积的增加，气流速度降低，部分动能转化为压能。气流从扩压器进入弯道，气流的流动方向由离心流动转变为向心流动，再经回流器进入下一级叶轮，重复上述流动过程，一级接一级直到末级叶轮。末级叶轮的出口可直接通向蜗壳，部分压缩机的末级叶轮出口前进扩压器再进蜗壳，气体在蜗壳汇集后经排出管排出。

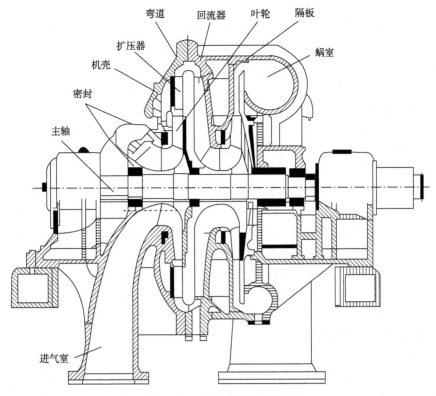

图 4-15 离心式压缩机结构

通过上述对离心式压缩机的工作原理介绍可知，离心式压缩机的工作原理与离心泵工作原理类似，但是离心式压缩机压缩的是气体介质，气体密度小，产生的离心力小，因而通过离心力做功获得的能量较少。为了获得更高的气体压力，即获得更多的能量，离心式压缩机都设置较高的转速，一般高达每分钟近万转甚至一万转以上，且叶轮转速越高，压缩机流道内的气流流速也越高，这使得压缩机的结构有特点，设计和制造的标准比离心泵更高，更严格。

六、传质设备（塔）

传质设备是利用混合物中不同物料的某些物理性质，如密度、沸点、溶解性等，将所需的某些组分分离出来，在分离过程中，物料之间发生的是质量传递，故称为传质设备。传质设备从外形上看大多为细而高的竖直安装的圆筒形容器，长径比较大，习惯上称为塔式设备，如精馏塔、吸收塔、萃取塔等。在炼油化工生产装置中，塔式设备的投资费用和钢材需用量仅次于换热设备，据统计，炼油和煤化工生产中塔式设备投资费用约占整个工艺设备总投资的 34.85%，在石油化工和化工生产装置中占 24.39%，塔式设备消耗的钢材质量在各类工艺设备中所占的比例较高。由此可见，塔式设备是炼油化工生产中的重要工艺设备。下面主要介绍塔式设备的分类、工作过程。

（一）塔式设备的分类

随着炼油化工生产工艺的不断改进提升，与工艺相配套的塔式设备也有多种结构和类型。为了更好地研究和比较，可从不同角度将塔式设备分类，如按用途分类、按操作压力分类和按内部结构分类等。按用途，塔式设备可分为如下三类。

1. 精馏塔

蒸馏是利用液体混合物中各组分的挥发度不同来分离各个液体组分的操作，而精馏是反复多次蒸馏的过程，精馏塔是实现精馏过程的塔设备。常减压蒸馏装置中的常压塔、减压塔就属于精馏塔，可将原油初步分离成汽油、煤油、柴油和润滑油等；重整装置中的精馏塔可分离出苯、甲苯和二甲苯等。

2. 吸收塔、解吸塔

吸收工艺是利用混合气体中各个组分在溶液中的溶解度不同，通过吸收液体来分离气体的工艺；而解吸工艺是通过加热等方法将吸收液中溶解的气体释放出来的工艺。实现吸收和解吸工艺过程的塔设备称为吸收塔、解吸塔。催化裂化装置中的吸收塔、解吸塔，可从炼厂气中回收汽油，从裂解气中回收乙烯和丙烯，且在气体净化过程中也需要吸收塔、解吸塔。

3. 萃取塔、洗涤塔

萃取工艺（也称为抽提工艺）是利用化学物质中的相似相溶原理，对于组分间沸点相差较小的液体混合物，采用分馏方法效果不明显，可以在液体混合物中加入某种沸点较高的溶剂（即萃取剂），利用混合液中各个组分在萃取剂中的溶解度不同，将混合物分离。实现萃取工艺的塔设备称为萃取塔。还有水洗工艺，利用水除去气体中没用的成分或固体颗粒，所用塔设备称为洗涤塔。

（二）塔式设备的工作过程

1. 填料塔的工作过程

如图 4-16 所示，在圆柱形壳体内装填一定高度的填料，液体经塔顶喷淋装置均匀分布于填料层顶部上，依靠重力作用沿料表面自上而下流经填料层后自塔底排出；气体则在压强差推动下穿过填料层的空隙，由塔的一端流向另一端。气液在填料表面接触进行质、热交换，两相的组成沿塔高连续变化。

2. 板式塔的工作过程

如图 4-17 所示，在圆柱形壳体内按一定间距水平设置若干层塔板，液体依靠重力作用自上而下流经各层塔板后从塔底排出，各层塔板上保持有一定厚度的流动液层；气体则在压强差的推动下，自塔底向上依次穿过各塔板上的液层上升至塔顶排出。气、液在塔内逐板接触进行质、热交换，故两相的组成沿塔高呈阶跃式变化。

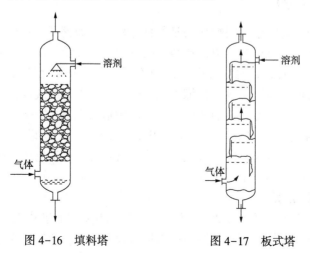

图 4-16　填料塔　　　　　图 4-17　板式塔

填料塔和板式塔都可用于吸收和蒸馏操作，其对比见表 4-1。

表 4-1　填料塔与板式塔性能对比

项目	填料塔	板式塔
压降	小尺寸填料较大；大尺寸填料及规整填料较小	较大
空塔气速	小尺寸填料较小；大尺寸填料及规整填料较大	较大
塔效率	传统填料低；新型乱堆及规整填料高	较稳定，效率较高
持液量	较小	较大
液气比	对液量有一定要求	适应范围较大
安装检修	较难	较易
材质	金属及非金属材料均可	常用金属材料
造价	新型填料投资较大	大直径时较低

第五章 炼化工程项目风险管理

第一节 炼化工程项目风险

一、炼化工程项目风险概念

风险概念的发展是动态的，不同时间、不同阶段，人们对风险的定义也不一样。经过多年来的发展，人们对风险概念有以下三种认知：

（1）以某种不利的结果作为风险。事物的发展可以带来有利的和不利的结果，其中不利的结果对于决策人来说就是风险。

（2）所有可能结果的均值为风险。保险行业中，基于大量的投保样本，保险公司承担的风险就是此类风险的均值。

（3）指某种事件发生的不确定性。这种理解认为只要某一事件的发生存在两种或两种以上的可能性，那么该事件就存在着风险。风险既可以指积极结果的不确定性，也可以指损失发生的不确定性，在这种理解中主要强调的是不确定性。

风险的本质特征有以下四点[91]：

（1）客观性。风险的客观性体现在它是对事物未来发展的一种客观描述，不随着人的意志改变而改变，即风险客观存在。

（2）未来性。风险指在未来事件发展演化所带来的后果。已经发生的事实称为事件、事故等，指向未来性是风险的第一本质属性。

（3）不确定性。所有风险都有多种可能性，最终哪一种结果会发生，是不确定的。

（4）并协性。风险带来的收益和损失的可能性是同时存在的，既包括可能的损失，又包括可能的收益，因此只考虑可能的损失而忽略可能的利益是不全面的。

综上所述，炼化工程项目风险应该定义为在炼化工程建设期间，即前期策划、可研、设计、采购、施工建设、单体调试、试车联运整个过程产生损失或损害的不确定性或可能性。

二、炼化工程项目风险分类

目前，对于风险的分类没有一个统一的标准，分类的标准也是五花八门。因此，应该根据评价对象的特点选择适合其特点的风险分类方式。

（一）根据风险产生的环境分类

根据风险产生的环境，可分为静态风险与动态风险。静态风险是指自然界不规则变化和人们行为过失所造成的风险。自然界不规则变化有暴雨、地震、雷电、雪灾等，人们行为过失有人为火灾、破产、诈骗等行为。动态风险是指由于社会经济、文化、政治、技术等方面发生变动时产生的风险，动态风险的特点是不规则变化造成的风险后果不容易量化。

（二）根据风险的性质分类

根据环境的性质，可分为纯粹风险和投机风险。纯粹风险是指只有损失概率而无获利概率的风险，比如飞机在空中出事的风险。投机风险则是指既有损失概率又有获利概率的风险，生活中最常见的例子就是人们对股票的投资。

（三）根据风险产生的原因分类

根据风险产生的原因，可分为自然风险、社会风险、政治风险和经济风险。自然风险比如地震、雷电、洪水、暴雪、暴雨等；社会风险比如入室盗窃、人为纵火等；政治风险主要是针对国家层面的交流，指的是合同双方的某一方或双方因为不可控的政治因素导致无法继续履行合同规定内容从而带来的损失，政治风险又被称为国家风险，例如因国家内乱导致运输货物无法进口；经济风险是指由市场供求关系、经济贸易等因素干扰人的判断能力，从而造成经济损失。

（四）根据风险标的分类[92]

根据风险标的，可分为财产风险、人身风险、责任风险和信用风险。财产风险是指企事业单位或家庭个人自有代管的一切有形财产，因发生风险事故、意外事件而遭受的损毁灭失或贬值的风险，它包括直接损失风险、间接损失风险和净利润损失风险三个方面。人身风险是指由于人的生老病死的生理规律所引起的风险和由于自然、政治、军事和社会等方面的原因所引起的人身伤亡风险。责任风险是指个人或团体的行为对他人的人身或财产伤害负有责任。信用风险是指在经济活动中，由于一方信用问题导致违约或违法，造成另一方遭受经济损失的风险。

（五）根据系统分析方法分类[93]

该种分类方式是为了解决复杂系统中难分类的问题，因为现在每个工程项目都是一个复杂系统，都由许多小系统组成，系统元素众多，并且存在强烈的耦合作用。根据系统分析的方法，将项目风险分为环境风险、资源风险、目标与需求风险、实施过程风险。项目环境风险由人文环境风险和自然环境风险组成；项目资源风险由项目相关方、内部资源和外部资源风险组成；目标与需求风险由合同要求和企业要求中的风险因素组成；项目实施过程风险由策划准备、设计过程、采购过程、施工过程、调试运营过程、信息流转过程和资金转运过程中的风险组成。

（六）根据安全工程管理的理论方法分类

基于系统工程的安全管理理论，从人、机、环和管四个方面将风险因素进行分类，此种方法在风险管理中经常结合层次分析法对整个系统进行风险分析和评价。

三、炼化工程项目风险特点

炼化工程项目属资源、资金、技术高度密集型项目，且具有实施周期长、投资规模大、参建单位多、涉及面广、施工技术要求高等诸多特点，具有较大的社会影响力。具体来说，工程建设项目主要具有如下特点。

（一）项目投资规模大，持续时间长

炼化工程本身资产密集，且目前中国炼化装置正朝着大型化、高参数化发展，工程造价进一步提高，百亿级甚至千亿级❶炼化项目已屡见不鲜。大型炼化项目从立项、设计、施

---

❶此处指项目投资金额。

工、试车等环节到能够稳定投入运行往往需数年时间，其中以设计、施工阶段最为耗时。

（二）项目涉及单位多，管理难度大

炼化工程作为系统性工程项目，无论何种建设模式，建设过程中都会涉及设计、制造、监理、安装等不同类型单位，且由于工程量大，往往有多家同一类型单位合作实施。如何全面协调各单位业务之间的交叉衔接，妥善处理各单位之间利益关系，理顺各单位高效沟通机制，明确各单位职责等各方面给项目的管理带来了极大挑战。

（三）项目质量要求高，施工难度大

炼化装置具有高温高压、易燃易爆有毒的特性，施工质量问题极可能引起试车、后期运行的安全事故，造成严重的财产损失、人员伤亡、环境污染等事故。因此，在建设过程中必须对技术方案、设备质量、安装质量等进行严格把关，避免装置质量"先天不足"，后期"带病运行"。然而，现场建设条件存在诸多不便和限制，如露天、受限空间、恶劣气候、交叉作业等，施工作业的难度大，同时也给质量控制增加了难度。

（四）项目危险性高，作业风险大

炼化工程项目具有炼化行业和建筑行业的双重危险特性。安装阶段涉及大量机械设备、交叉作业、高空、明火、用电、起重等危险因素，易发生高处坠落、物体打击、触电等事故。试车阶段更是风险密集，设计缺陷和产品质量问题会在试车阶段集中爆发，尤其在投料试车阶段，因介质特性会面临火灾、爆炸、中毒等危险。

（五）项目监管机构多，协调难度大

炼化工程项目受发展改革、市场监管、安全、环保、建设等多部门的监管，必须遵守相关的法律、部门规章和标准。项目实施过程中，难免需要监管部门在顶层设计、政策优惠、监管方式等方面给予协助和支持。业主作为企业，在与政府监管部门沟通，尤其涉及跨部门沟通的过程中处于弱势，协调难度大，协调不畅将会严重影响项目进度和成本。

（六）风险具有多样性、阶段性和严重性

1. 多样性

炼化工程项目作为大型复杂工程项目，建设过程中面临着技术多样性、建设环境多样性、环节多样性、利益相关方多样性、资产多样性等客观现实，激发了项目实施过程中各种形态风险的出现。比如自然风险、经济风险、政治风险等，组成了复杂的非线性风险系统。

2. 阶段性

炼化工程项目从开始到结束需要经历可研、设计、施工建设、单体调试、试车联运等不同阶段，风险贯穿整个建设过程。但不同阶段又因其目标、技术方法和环境等主客观条件不同，每个阶段都有其特定的风险类型和特点。例如，可研立项阶段的主要风险来自产能布局、政府政策等方面的决策风险，建设安装阶段最易发生高处坠落等施工事故，而试车期的主要风险则是火灾和爆炸。

3. 严重性

炼化工程项目由于其投资大、人员密集、危险作业多、介质危害性高等特点，决定了发生事故时易引起严重后果，可能造成人员伤亡、财产损失、环境污染、企业声誉受损，甚至投资失败等严重后果。在世界范围内，炼化事故的危害本身已排在各种工业事故危害的首位，而炼化工程项目还具有建筑业的危害特征，两种行业风险之间的耦合更加重了风险的危害程度。

第二节 炼化工程项目风险识别

一、风险识别的原则

只有充分识别出风险，才能正确分析风险，并采取有效的风险控制、转移、规避等应对措施，风险识别工作具有系统性、综合性、动态性等特点，针对炼化工程项目的特点及其风险特点，在风险识别过程中应遵循以下原则。

（一）全面性原则

炼化工程项目风险具有多样性的特点，这就要求在风险识别时尽可能对各单位、各环节全面进行识别，要能够基本覆盖炼化工程项目的所有风险影响因素，同时需要系统分析各风险因素之间的相互关系，只有全面地识别风险因素才有可能客观、真实地反映被评价对象的风险特性。

（二）动态性原则

炼化工程项目持续时间长，分为前期策划、可研、设计、施工建设、单体调试、试车联运等过程，不同阶段的工作内容既独立，又有密切的内在联系，风险环环相扣。同时，项目在实施过程中，各种突发事件和意外事故会推迟，甚至打乱项目原有建设计划，风险因素也随之发生变化。这就要求在风险识别过程中，必须根据项目的实际建设情况，对原有的风险识别工作进行动态的调整和优化，根据项目进度的变化进行风险识别的动态过程如图5-1所示。

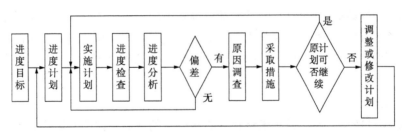

图 5-1 风险识别动态性过程

（三）综合性原则

炼化工程项目各阶段的实施环境、工作内容、建设单位、技术方案不尽相同，导致各阶段的风险特性也不尽相同。因此，需要根据各阶段的项目特点，综合应用不同的风险识别方法对各阶段环节进行分析，如设计阶段宜采用流程图法，施工阶段更适合采用现场调查和风险清单识别法。

（四）谨慎排除原则

炼化工程项目风险因素多样，且风险因素之间的影响关系错综复杂，具有明显的混沌现象特征。混沌系统初始条件下内在微小的变化能带动整个系统长期的巨大的连锁反应，如单台设备的缺陷可能会延缓整个工程的进度。此外，炼化工程事故后果严重，因此在排除和否定某些风险因素时，必须充分讨论，严格论证，谨慎排除。

二、风险识别的范围

按照项目建设阶段，可分为规划风险、可行性研究风险、设计风险、招投标风险、施工风险及试运行风险等。按照项目建设目标和承险体的不同，可分为安全风险、质量风险、工期风险、环境风险、投资风险及对第三者风险等。

建设工程风险识别方法基本可分为分析类方法和调查类方法两类。分析类方法类似于系统分析中的结构分解方法，如故障树、概率树、决策树、流程图法等。调查类方法有头脑风暴法，德尔菲法，核对表法，流程图法，面、线、点层次分析法，初始清单法，经验数据法，风险调查法等。下面简单介绍几种常用的方法。

1. 头脑风暴法

头脑风暴法也称集体思考法，是以专家的创造性思维来索取未来信息的一种直观预测和识别方法。头脑风暴法一般在一个专家小组内进行。以"宏观智能结构"为基础，通过专家会议，发挥专家的创造性思维来获取未来信息。中国 20 世纪 70 年代末开始引入头脑风暴法，并受到广泛的重视和应用。

2. 德尔菲法

德尔菲法又称专家调查法，它是在 20 世纪 50 年代初美国兰德公司研究美国受苏联核袭击风险时提出的，并在世界上快速地盛行起来。它是依靠专家的直观能力对风险进行识别的方法，现在此法的应用已遍及经济、社会、工程技术等各领域。用德尔菲法进行项目风险识别的过程是由项目风险小组选定项目相关领域的专家，并与这些适当数量的专家建立直接的函询联系，通过函询收集专家意见，然后加以综合整理，再匿名反馈给各位专家，再次征询意见。这样反复经过四至五轮，逐步使专家的意见趋向一致，作为最后识别的根据。中国在 20 世纪 70 年代引入此法，已在许多项目管理活动中进行了应用，并取得了比较满意的结果。

3. 核对表法

一般根据项目环境、产品或技术资料、团队成员的技能或缺陷等风险要素，把经历过的风险事件及来源列成一张核对表。核对表的内容可包括：以前项目成功或失败的原因；项目范围、成本、质量、进度、采购与合同、人力资源与沟通等情况；项目产品或服务说明书；项目管理成员技能；项目可用资源等。项目经理对照核对表，对本项目的潜在风险进行联想相对来说简单易行。这种方法也许揭示风险的绝对量要比别的方法少一些，但是这种方法可以识别其他方法不能发现的某些风险。

4. 流程图法

流程图法首先要建立一个工程项目的总流程图与各分流程图，它们要展示项目实施的全部活动。流程图可用网络图来表示，也可利用工作分解结构（Work Breakdown Structure，WBS）来表示。它能统一描述项目工作步骤，显示出项目的重点环节，能将实际的流程与想象中的状况进行比较，便于检查工作进展情况。这是一种非常有用的结构化方法，它可以帮助分析和了解项目风险所处的具体环节及各环节之间存在的风险。运用这种方法完成的项目风险识别结果，可以为项目实施中的风险控制提供依据。

5. 面、线、点层次分析法

以系统安全分析方法为理论基础，可以通过面、线、点三个层次全面客观地对系统进行风险识别，如图5-2所示。

"面的层次"指会对评估对象产生整体性影响的风险因素进行识别，如评估对象的自然条件、周边环境、作业环境、建筑物结构、现场安全管理状况等[97]。

"线的层次"指针对评估对象(系统)工艺流程中的各种物料，其流入系统和流出系统过程中以及在系统中的流动过程，分析其可能存在的流程风险。

"点的层次"指针对评估对象(系统)中的风险点，依据能量意外释放理论，对其类型、能量释放的方式，以及对标的本体及人员、环境的影响等做出识别和评估。

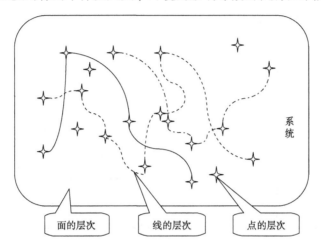

图5-2　风险识别方法示意图

炼化工程项目建设生命周期可以分为制造期、运输期、主工期、试车期、保证期、缺陷责任保证期，如图5-3所示。表5-1为典型的工程建设进度计划表。

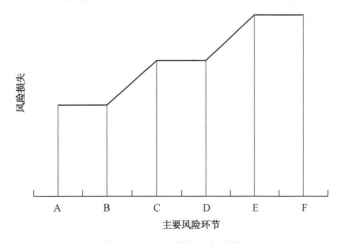

图5-3　工程建设生命周期

A—设备至安装现场运输及吊装过程；B—开箱检验过程；

C—超大型部件现场组装过程；D—单一装置试车；E—投料试车(联动)；F—72小时满负荷测试。

表 5-1　典型工程建设进度计划表

序　号	主要里程碑	序　号	主要里程碑
1	土建工程开工	16	变电所送电
2	大件吊装及运输路线地基处理开工	17	动设备试车开始
3	地管开始防腐、预制	18	加热炉安装完成
4	钢结构开始预制	19	塔内件安装完成
5	土建基础基本完成	20	工艺管道安装完成
6	钢结构开始安装	21	配套工程中交完成
7	设备吊装开始	22	工艺管线试压完成
8	加热炉安装开始	23	制氢装置中交完成
9	工艺管线预制安装开始	24	设备单试完成
10	钢结构安装完成	25	机组试车完成
11	主要设备安装就位	26	装置中间交接
12	电器仪表开工	27	吸附剂装填开始
13	大型机组安装开始	28	吸附剂装填完成
14	精馏塔试压完成	29	投料试车
15	工艺管道试压开始	30	产出合格产品

三、风险识别因素

炼化工程项目包括前期可研、设计、施工建设、单体调试、试车联运等过程，如图 5-4 所示。本书根据建设工程风险特点，以系统安全分析方法为理论基础，通过面、线、点三个层次，结合德尔菲法、流程图法等方法、对炼化工程项目风险进行全面的、客观的风险识别，风险识别过程如图 5-5 所示。

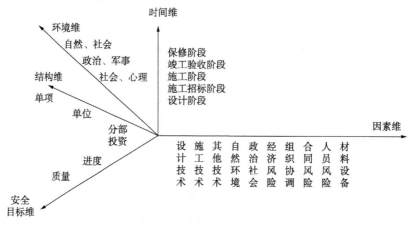

图 5-4　工程阶段风险示意图

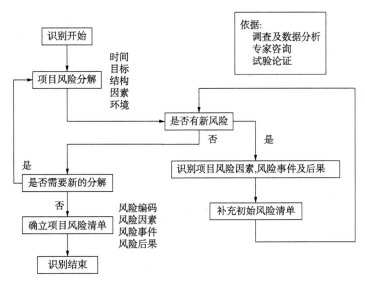

图 5-5　风险识别的过程

本书按照施工前、施工、试车三个阶段分别进行风险识别，结果见表 5-2。

表 5-2　风险因素识别汇总

阶段	一级风险	二级风险	风险因素编号	风险因素
施工前阶段	技术风险	勘查风险	a101	水文地质勘查不准确
			a102	已有水文地质资料不准确
		设计风险	a103	工艺包不成熟
			a104	设计不合理或缺陷
	环境风险	政治环境	a105	政府政策变化
			a106	经济制裁
			a107	社会动荡
		经济环境	a108	资金来源
			a109	价格波动
			a110	通货膨胀
			a111	利率波动
		社会环境	a112	民众骚乱
			a113	征地、搬迁风险
	管理风险	进度风险	a114	人员流动风险
			a115	各专业协调沟通不足
		招投标风险	a116	招标管理程序不完善
			a117	对投标人资质审查不严格
			a118	职务腐败
			a119	陪标、串标

阶段	一级风险	二级风险	风险因素编号	风险因素
施工阶段	人的风险	作业风险	a201	意外伤害
			a202	违规操作
			a203	疏忽/过失/误操作
		道德风险	a204	雇员不诚实
			a205	盗窃、破坏
	技术风险	施工技术	a206	施工方案不合理
			a207	施工机具缺陷
		质量检验技术	a208	监理风险
			a209	第三方检测技术风险
	材料与设备设施风险	质量风险	a210	设备制造/安装缺陷
			a211	原材料质量缺陷
		仓储风险	a212	仓库环境风险
			a213	设备材料维护不当
		运输风险	a214	货物损坏
			a215	货物丢失
			a216	运输延误
	环境风险	自然环境	a217	自然灾害
			a218	恶劣天气
		社会环境	a219	第三方破坏
			a220	第三者责任风险
		政治环境	a221	罢工
			a222	政府政策变化
			a223	恐怖主义
	管理风险	安全管理	a224	施工监护不当
			a225	人员防护不当
			a226	应急预案及演练不到位
		承包商管理	a227	总包/分包管理风险
			a228	合同管理风险
			a229	作业管理风险
		采购管理	a230	原材料价格波动
			a231	供应商管理风险
试车阶段	人的风险	作业风险	a301	意外伤害
			a302	违规操作
			a303	疏忽/过失/误操作
	技术风险	试车条件	a304	水电气等辅助系统不到位
			a305	安全联锁系统不到位

续表

阶段	一级风险	二级风险	风险因素编号	风险因素
试车阶段	技术风险	运行风险	a306	运行不稳定
			a307	试运行考核指标不达标
	材料与设备设施风险	设备风险	a308	性能不达标
			a309	设备损坏
		物料风险	a310	火灾爆炸
			a311	毒性
			a312	低温/高温伤害
	环境风险	自然环境	a313	自然灾害
			a314	环境污染
	管理风险	安全管理	a315	应急预案及物资不足
			a316	人员防护不当
			a317	试车方案审查不严
		试车队伍	a318	试车组织机构不健全
			a319	人员未进行上岗培训

（一）技术风险

技术风险主要包括勘察设计风险、施工技术风险、质量检验技术风险及试车技术风险[98]。

1. 勘察设计风险

勘察设计风险主要指新工艺、新技术的不成熟，设计缺陷，设计不全，现场地质勘测有误以及工艺流程不合理等因素。例如：因勘察失误（未按规程或资料不充分）引发的坍塌事故的风险是客观存在的；设计缺陷不能满足结构承载要求、载荷计算不准；未经验证的或不成熟的技术；缺乏工艺技术规范或法律知识；经验不足和协调沟通不足，预期事件未加预防等。

降低此类风险的控制措施是严格按照设计规定及设计标准对设计单位的执行进行监督，针对有特殊要求的工艺，应当制定更加严格的标准以适应实际项目的需求。

2. 施工技术风险

施工技术风险主要指在施工过程中存在的不合理的施工方案、落后的施工机具、施工人员水平不达标等。应对此类风险，必须对施工方案进行严格审查把关，充分考虑施工中可能遇到的问题并提出合理的解决方案，在施工前就予以消除。对于特殊重要的施工阶段，要确定多个备选方案，邀请有经验的专家进行施工方案审查。项目管理人员及监理应当对项目各个阶段施工过程的各项质量标准进行严格把控，对施工人员进行定期考核培训，施工人员应严格按图施工，不得随意自行更改。

施工风险还表现在施工工艺落后，施工技术方案不合理，安全措施不恰当，新技术失败，现场条件复杂，干扰因素多，气候条件恶劣，水电供应不能保证，行为责任不到位等。

大型安装工程在施工过程中需要使用的大型吊装设备也是一个重要的风险点，其风险主要表现在三个方面：一是吊装设备自身的安装和调试过程应当掌握和控制风险，避免发生恶性事故；二是火灾爆炸、土体滑动、滑坡塌方等都可能造成施工机具设备的损坏；三是在作业过程中，特别是超大型设备和结构件的吊装过程，必须严格按操作规程，尽可能使用有经验的机械手。大型安装工程的施工对吊装设备的依赖程度高，一旦这些设备发生损失，恢复和重新购置设备的周期长，工期将受到严重影响，需要特别关注这些吊装设备的安全。

3. 质量检验技术风险

施工阶段的质量检验工作由监理单位和第三方检验机构完成。质量检验技术风险因素包括检验单位资质、检测人员技术水平、检测机具、检测流程等。监理单位一般负责建设工程的日常检查、质量检查、安全检查及实测实量工作。第三方检测单位一般是由业主方聘请的独立于业主、监理、承包商等参建单位，遵循公正、公开、公平的原则，对项目施行过程进行质量控制的机构。一般分为现场取样和抽样检测，检测范围包括施工现场材料、新型材料、施工质量等。

4. 试车技术风险

机器设备在安装完毕后，投入生产使用前，为了保证正式运行的可靠性、准确性及工作指标的达成，都要进行试运转。试运转期间的风险是最大的，因为设备在安装过程中如果存在缺陷，在试运转期间将会集中暴露出来。同时可能由于工期先后的原因而存在单套或几套装置依次单独试车，并不一定会全套装置同时试车，这样后试车的装置可能对已投入运营的装置产生一定的影响。试车期间，施工现场存有易燃易爆物品，由于现场管理经验不足，在管理不得力的情况下，容易发生火灾或爆炸事故，损失金额将会十分巨大。火灾和爆炸是此期间的关键风险。

（二）人的风险

1. 人员作业风险

炼化工程现场安装施工作业主要分为设备安装、管道安装及电气仪表安装等。设备包括塔类、容器、反应器、换热器、储罐、泵、压缩机等。管道包括设备间连接的管道以及界区管道等。电气仪表安装包括电缆桥架安装，电缆的敷设和端接，电气设备和控制仪表、测量仪表的安装等。

装置规模大、流程复杂，涉及特种作业多、交叉作业多，施工过程中存在动火作业、大型设备吊装作业、受限空间作业、临时用电作业、高处作业等特种作业。不遵守现场作业规程，违章操作、违章指挥或操作人员经验不足，都有可能导致人员伤亡情况发生。

1）大型设备吊装作业

吊装过程中极易发生吊装物脱落及吊车倾翻，造成严重的财产损失及人员伤害。因此，大型设备吊装作业要求吊装单位必须有类似项目经验，吊装前必须聘请专家对吊装方案进行论证。

2）焊接作业

炼化工程工艺流程复杂，管道焊接工作量大，且大部分管道属于压力管道，对焊缝焊接质量要求高。若焊缝焊接质量不过关，在试运行及运营期时，极易发生可燃物质泄漏导致火灾爆炸事故。焊接过程中若人员操作不当可能引发火灾，造成人员烧伤、烫伤。

3）高处作业

炼化工程主装置平台框架高，尤其是大型塔设备、反应器设备高度高，施工作业存在大量的高处作业，若高处作业不注意人员防护，极易发生物体打击及高处坠落等意外事故。

4）交叉作业危险

由于项目施工量大，不可避免会出现交叉作业危险，主要表现为作业空间受限制，人员多，工序复杂，现场隐患多，可能发生高处坠落、物体打击、机械伤害、车辆伤害、触电、火灾等危险。

5）有限空间作业危险

炼化工程施工过程中存在有限空间作业危险，例如大型设备内焊接过程，有限空间作业过程中，若通风不良，加之窒息性气体浓度较高，会导致环境中氧含量下降，容易发生窒息猝死。

2. 承包商风险

1）工程管理风险

承包商若私自将部分工程分包给没有资质的单位，会对施工质量、进度、安全等造成重大影响；承包商低价中标后，为经济利益可能存在偷工减料，牺牲工程质量的情况；施工技术方案制订存在缺陷或实际的施工过程不能按照方案进行，尤其是应采取的各种人员防护措施没有实施。

2）人员技术水平风险

施工人员技术水平不合格导致施工质量不达标，尤其是炼化工程涉及大量设备、管道焊接作业，对施工人员焊接技术水平要求较高；监理单位人员若经验不足或责任落实不到位，在施工验收中不能发现施工质量问题会留下巨大安全隐患；施工机具维修保养人员技术水平不到位会导致施工机具不能正常使用或使用中发生意外事故。

3）施工机具风险

施工机具在使用过程中，由于各种原因，可能会导致损坏，严重时会影响施工进度，施工机具检验不合格、日常维护保养不到位等会在施工过程中引发意外事故。

3. 职业病危害风险

1）建设期危害因素

（1）噪声危害。施工作业中的打磨作业、切割作业、管道吹扫等过程会产生噪声，导致施工人员听力损失，并造成中枢神经系统的病理反应。

（2）粉尘危害。管道切割作业、管线吹扫过程以及焊接作业会产生粉尘，同时防腐保温施工过程还会产生玻璃棉粉尘。施工人员若长期吸入粉尘，并在肺内滞留会引起肺组织弥漫性纤维化，引发肺尘埃沉着病。另外，电焊作业中还可能产生烟尘。

（3）电弧危害。焊接作业存在电弧光辐射危害，易引发电光性眼炎职业病。

（4）腐蚀性或有毒化学品。油漆、化学清洗作业中，可能接触含苯、甲醛、汽油等烃类有毒有害化学品，对人体存在腐蚀或毒害。

（5）其他危险。施工期施工人员可能使用带有放射性作业的机具，如探伤作业中，可能用到 X 射线和 γ 射线探伤仪，若防护不当或检测设备不合格，可能导致探伤作业人员暴露在过量射线剂量下，导致放射性危害。

2）试车期危害因素

（1）中毒。试车期涉及的有毒物质包括乙烯、丙烯、甲烷、甲苯、苯、氢气、石脑油、液化石油气、硫化氢等。

（2）噪声危害。项目噪声有机械（如电动机、风机、泵等）噪声、空气动力性噪声（如管道）等。长期接触噪声对听觉系统产生损害，从暂时性听力下降直至病理永久性听力损失。

（3）高、低温危害。生产装置内主要高温设备包括反应器、塔类、加热炉、部分换热器、热油管线、蒸汽管线等，若隔热保温措施不当或保温层脱落、高温物料泄漏等，一旦接触到人体，则可能会造成高温烫伤。项目所在地夏季极端炎热或冬季极端严寒，长期极端高温或极端低温环境下作业，可出现高血压、心肌受损和消化功能障碍等病症，引发中暑或冻伤。

（4）粉尘危害。装置在生产中使用固体保护剂及催化剂，装置定期装卸固体催化剂过程中，若处理不当可能造成粉尘危害。

（5）其他危害。工程涉及多层框架和 2m 以上的操作平台，当操作人员在高层框架或操作平台上进行巡检、操作等作业时，若防护不当，有发生高处坠落的危险；装置中有大量的泵类、空冷器及压缩机等转动设备，若防护不善，有对操作人员产生机械伤害的危险；变配电设备及其他电气设备，若存在设计缺陷或人员违章作业，存在发生电气火灾或电伤害的危险；项目运行期裂解炉检维修过程可能发生有限空间作业危害，导致窒息或易燃易爆事故。

（三）材料与设备设施风险

施工阶段主要涉及设备的质量、仓储及运输风险，试车阶段涉及设备风险及物料风险。

运输风险：项目在建设安装过程中，将涉及大量安装设备的运输，需要从国内外相关厂商采购，如果组织、调度和管理不当，就有可能发生各种意外事故，对于运输安全的管理、妥善地转移风险是工程项目建设过程中需要考虑的问题。

试车设备风险：机器设备在安装完毕后，投入生产使用前，为了保证正式运行的可靠性、准确性及工作指标的达成，都要进行试运转。试运转期间的风险是最大的，因为设备在安装过程中如果存在缺陷，在试运转期间将会集中暴露出来，同时可能由于工期先后的原因而存在单套或几套装置依次单独试车，而并不一定要全套装置同时试车，这样，后试车的装置可能对已投入运营的装置产生一定的影响。如果发生试车意外事故，损失金额巨大，火灾和爆炸是此期间的关键风险。

物料风险：炼化工程试运行期物料的火灾危险性为甲类，涉及的物料有乙烯、丙烯、甲烷、甲苯、氢气、石脑油、液化石油气等。可燃气体或可燃液体，一旦出现泄漏，将形成爆炸性混合物，遇明火容易引发火灾爆炸。另外，炼化处理工艺条件多为高温、高压。因此，从物料的输送、加工到产品的输出整个连续化生产过程中，均存在火灾、爆炸的不安全因素。同时，事故情况下紧急排放的可燃液体或正常操作情况下泄漏的可燃液体，其蒸气与空气混合形成爆炸性混合物，遇火源也容易发生燃烧、爆炸事故。表 5-3 为炼化工艺主要危险有害物料性质表。

表 5-3　炼化工艺主要危险有害物料性质

序　号	物质名称	闪点（℃）	引燃温度（℃）	爆炸极限 [%（体积分数）]	火灾危险类别
1	硫化氢	气体	260	4.3~45.5	甲
2	乙烯	-135	425	2.7~36	甲A
3	甲苯	4.4	535	1.2~7.1	甲B
4	液化石油气	<-70	426	2.25~9.65	甲A
5	氢气	气体	510	4.0~74.1	甲

续表

序　号	物质名称	闪点(℃)	引燃温度(℃)	爆炸极限[%(体积分数)]	火灾危险类别
6	甲烷	气体	538	5.3~15	甲
7	丙烷	-104	450	2.1~9.5	甲
8	汽油	-50	415~530	1.3~6.0	甲$_B$
9	丙烯	-108	460	1.0~15.0	甲
10	石脑油	<-20	510~530	1.2~6.0	甲$_B$
11	抽余油	-25.5	244	1.2~6.9	甲$_B$
12	MDEA	>139	—	—	丙$_A$
13	硫黄	207	232	2.3g/m³(下限)	乙
14	戊烷	-40	260	1.7~9.8	甲$_B$
15	苯	-11.1	560	1.3~7.1	甲$_B$
16	二甲苯	4	535	1.2~7.0	甲$_B$

(四) 环境风险

环境风险包括自然环境风险、经济环境风险、社会环境风险和政治环境风险。自然环境风险主要指炼化工程项目实现过程中面临的自然环境状态，主要包括气象灾害、地质灾害、恶劣天气、环境污染等；经济环境风险主要包括业主的资信状况和支付能力、价格波动、汇率波动、通货膨胀等；社会环境风险主要包括民众骚乱、征地、搬迁风险、第三方破坏风险等；政治环境风险主要包括政府政策变化、经济制裁、社会动荡、罢工、恐怖主义等。

第三者责任风险：是指在施工过程中，因自然灾害或意外事故造成第三方的财产损失或人身伤亡时，业主或承包人依法应承担的赔偿责任。施工阶段风险主要集中在厂外工程：输油管线敷设、爆破作业、铁路铺设、重件道路、储罐安装等。施工现场可能会进行大规模的露天爆破，爆破作业具有拒爆、早爆、飞石、地震波等危险。

(五) 管理风险

炼化工程项目一般工期紧、施工复杂、特种作业多、交叉作业多，需从设计、采购、工程施工全方位全过程制定措施，强化安全管理。

1. 个人防护

为现场施工人员配备适当的个体防护用品，尽量降低噪声、粉尘、电弧光辐射及有毒化学品伤害的影响等。

2. 高处作业风险

现场高处作业，设置工作平台，严格要求施工人员佩戴安全帽、腰带、安全绳索等；高处作业现场张贴标识，必要时进行道路封锁，防止非工作人员在施工场地穿行造成高处坠物伤人事故等。

3. 密闭空间作业

在密闭空间或局限空间内从事焊接、清洗、涂装等工作，设置良好的通风排气；施工人员进行作业时，佩戴个人防护用具及安全带，且施工时至少留有一人在工作地点外看守等。

4. 动火作业

动火作业者持有动火作业申请单，且佩戴个人防护用品，如护目镜、安全带等，动火作业前检查电、氧焊工具，保证动火作业的安全可靠等。

5. 交叉作业

加强交叉作业管理，尽可能避免交叉作业，无法避免时，在施工作业前对施工区域采取全封闭、隔离措施，设置安全警示标识，警戒线或派专人警戒指挥，防止高空落物、施工用具、用电危险，保证下方人员和设备的安全等。

6. 放射性作业

加强施工人员管理，持有放射性机具的施工人员做好登记，并为从业人员配备防护服、防护口罩等个体防护用品；工作完毕立即离开；采取分批轮流操作的办法，以免长时间照射而超过允许剂量等。

7. 吊装作业

施工时要用吊车等起重机械，要严格加强起重作业时的现场管理，加强人员的安全教育，划出起重安全施工区，无关人员禁止入内，防止起重伤害的发生等。

8. 自然灾害防护措施

工程建(构)筑物、电气设备、室外给排水工程、可燃气体埋地管道、仪表及通信设施的抗震应满足要求等。

对各装置和埋地管线采取防冻凝措施，部分设备要加保温和伴热；设置防雷措施、抗风措施、防暑降温设施等。

9. 防火、防爆措施

项目工艺控制系统中具有联锁保护装置，对可能超压的设备均设置安全阀，形成统一的泄压系统；保持良好的通风条件，降低泄漏物料聚集的可能性；爆炸危险区域内的电气设备，满足项目不同环境条件，具备防爆性能；可能泄漏或聚集可燃气体的地方，分别设有可燃气体检测器；裂解炉各层主要出入口设置手动火灾报警按钮等。

10. 防毒措施

装置选址位于当地被保护对象的最小频率风向的上风侧；尽可能采用密闭的生产系统和隔离操作；可能泄漏或聚集有毒气体的地方，分别设有有毒气体检测器；为接触有毒气体的作业人员配备适宜的防毒面具，并定期检查更换等。

11. 防噪声措施

尽量选用噪声、振动小的设备，产生噪声、振动的设备应根据噪声、振动的物理特性合理设计消声、吸声、隔声及隔振、减振等噪声、振动控制措施，应使工作场所噪声、局部振动和全身振动的职业接触限值符合 GBZ 1—2010《工业企业设计卫生标准》的卫生限值要求。超过此限值时，需采用有效的人身防护，例如巡检工人在进入高噪声区佩戴防噪声耳罩等。

12. 防高、低温措施

高温管线及设备做好保温措施，设置防高温警示标识；在炎热季节采取防暑降温措施，当作业地点气温不低于 37℃ 时，采取局部降温和综合防暑措施，并减少接触时间；冬季为外操巡检人员配备防寒工作服，避免冻伤等。

13. 其他防护措施

项目根据 GBZ 158—2003《工作场所职业病危害警示标识》相关规定设置职业病危害警示标识；项目使用的安全标志和安全色执行 GB2893—2008《安全色》和 GB2894—2008《安全标志及其使用导则》；在所有可能泄漏有毒有害物料的危险场所高处可视范围内，设置色彩明显的风向标，便于在事故情况下逃生或为事故救援指明风向；项目高层框架处设置防护栏，以防高处坠落；加强密闭空间准入管理，持证上岗并定时监测等。

第三节 炼化工程项目风险评估

一、风险评估概述

风险评估是指在风险识别和风险分析的基础上，对风险发生的概率、损失程度和变异程度，结合其他因素全面考虑，评估发生风险的可能性及危害程度，并与公认的安全指标相比较，以衡量风险的程度，并决定是否需要采取相应的措施。

风险评估是企业实现目标的影响程度以及风险价值等进行评估的过程，是对风险分析结果的汇总。而炼化工程风险评估的目的是确定各类风险对企业目标的重要性，从而排序确定所辨识的风险中哪些是重大风险，哪些是已经得到控制的风险。

炼化工程在进行风险评估时要结合定性、定量分析的方法对评价的初步结果进行调整，这样才可得到最满意的结果。对于影响程度低而且发生可能性也比较低的风险，企业可以采取风险自留的方案，不再增加控制措施；而对于影响程度高且发生可能性在目前也比较高的风险，比如火灾爆炸，则需要采取规避和转移的方案，优先安排实施各项防范措施。风险评估的结果确定了对各项风险的管理优先顺序和策略，为炼化工程分配企业资源，进行风险管理奠定了基础。

风险评估也称为危险度评价或安全评价，它以实际系统安全为目的，应用安全系统工程和工程技术方法，对系统中固有的或潜在的危险源进行定性和定量分析，掌握系统发生危险的可能性及其危害程度，从而制定出防灾措施和管理决策的一项工程。

概念包含了三层意义：

（1）对系统中固有的或潜在的危险性进行定性和定量分析，这是风险评估的核心。系统分析以预测和防止事故为前提，全面地对评估对象的功能及潜在危险进行分析、测定，是评估工作必不可少的手段。

（2）掌握企业发生危险的可能性及其危害程度之后，就要用指标来衡量企业安全程度，即从数量上说明分析对象安全性的程度。为了达到准确评估的目的，要说明情况的可靠数据、资料和评价指标。评价指标可以是指数、概率值或等级。

（3）风险评估的目的是寻求企业发生的事故率最低，损失最小，安全投资效益最优，提高生产安全管理的效率和经济效益。即确保安全生产，尽可能少受损失。欲达到此目的，必须采取预防和控制危险的措施，优选措施方案，提高安全水平，确保系统安全。

在工程建设过程中会涉及内部、外部众多风险，各种风险都会影响施工的成本、质量、进度等，这些风险对于造价昂贵的大型炼化项目影响尤其明显，包括从前期项目决策到项目建成投产过程中的众多影响因素。因此，大型炼化工程必须针对建设过程中的风险进行分析判断，并预先制定合理的风险管理策略，使风险降到最低，保证企业利益最大化。

风险评估方法可以按照不同的依据进行分类。

（一）根据评估对象的不同阶段分类

（1）预评估：是指建设项目（工程）在规划、设计阶段或施工之前进行的评估。主要是为规划者或设计者提供安全设计的依据和可靠性资料。

（2）中间评估：是在建设项目（工程）研制或安装过程中，用来判断是否有必要变更目标以及为及时采取措施而进行管理的有效手段。

（3）现状评估：对现有的工艺过程、设备、环境、人员素质和管理水平等情况进行系统的风险评估。

（二）根据评估方法的特征分类

（1）定性评估：不对危险性进行量化处理，只做定性的比较。定性评估使用系统工程方法，将系统进行分解，依靠人的观察分析能力，借助有关法规、标准、规范、经验和判断能力进行评估。

（2）定量评估：是在危险性量化的基础上进行评估，主要依靠历史统计数据，运用数学方法构造数学模型进行评估。定量评估法分为概率评估法、数学模型计算评估法和相对评估法（即指数法）。

① 概率评估法：是以某事故发生概率计算为基础的方法，如事故树和事件树的评估方法。

② 数学模型计算评估法：主要通过应用软件来实现。

③ 相对评估法：也称评分法，是评估者根据经验和个人见解制定一系列评分标准，然后按危险性分数值评估危险性。

（三）根据评估的内容分类

从广义上来说，风险可分为自然风险、社会风险、经济风险、技术风险和健康风险五类。而对于安全生产的日常管理，可分为人、机、环境、管理四类风险。

二、风险评估流程

风险评估是考虑项目所有阶段的整体风险，各风险之间的相互影响、相互作用及其对风险主体的影响，风险主体对风险的承受能力。风险评估流程如下。

（一）确定风险评估目标

在进行风险评估之前，要先确定风险评估的目标，该目标是评估工作的方向和基准。风险评估目标的确定要考虑全面，既要考虑项目因素，也要考虑企业因素，同时又要进行目标的细分和结构化，做到目标明确，实事求是。

（二）建立风险评估指标体系

风险评估指标体系的确定至关重要。指标体系要根据一定原则，按照一定的要求建立，要保证指标体系的系统全面科学。具体包括资料的收集、确定指标体系的结构、指标体系的初步确定、指标体系的筛选与简化、指标体系的有效性分析、定性变量的数量化等环节。

（三）选择风险评估方法与模型

根据项目特点及目标要求选择风险评估方法，评估方法要能反映实际。具体包括评估方法选择、权数构造、评估指标体系的标准值与评估规则的确定。

（四）综合评估实施

（1）收集指标体系数据。

（2）确定风险评估基准。

（3）确定项目整体风险水平。

（4）进行风险等级判别。

（5）评估结果的检验。

（6）评估结果分析与报告。

三、风险评估方法

风险评估法多种多样，总体可以归纳为定性评估方法、定量评估方法和半定量评估方法三大类。

定性评估主要是根据既往生产经验和判断对生产系统的人员、管理、工艺、设备、环境等方面的状况进行定性的分析，以专家赋值或系数来表达事故发生的可能性和严重程度，在国内外企业的风险管理过程中得到广泛应用，其特点是易于理解、便于掌握，评价过程比较简单，但往往需要依靠评价人员的经验，带有一定的局限性。目前，常用的定性评价方法主要有安全检查表法、专家现场询问观察法、作业条件危险性评价法、故障类型和影响分析及危险可操作性研究等。

定量评估是以既定的生产系统或作业活动为对象，在预期的应用中或既定的时间内，运用基于大量的试验结果和广泛的事故资料统计分析获得的指标或规律（数学模型），对可能发生的事故类型、事故发生的概率及严重程度进行分析和计算。定量评价方法还可以划分为概率风险评估法（PRA）、危险指数评价法等。在进行定量评估时，由于评价对象系统复杂，需要借助一系列商业化的风险分析软件。

半定量评估方法介于定性评估和定量评估之间，美国道化学公司（DOW）的火灾爆炸指数法、英国帝国化学公司（ICI）的蒙德指数法和日本的六阶段安全评价法等均可视为半定量评估方法。

系统风险评估是对风险事故进行预测和分析的方法。风险评估技术最早起源于保险业，保险公司用风险的大小来衡量保险费率的大小，风险评估是对风险因素、风险发生概率和风险导致的事故严重程度进行调查研究与分析论证，从而为评价系统总体的风险状况以及制定相应的预防和控制措施提供科学依据[20]。

安全评价最早起源于20世纪60—70年代的美国、英国和日本。美国最早将安全评价应用到航空工业的导弹和超声速飞机上，并且取得了显著的效果。英国采用概率评价法开展安全评价工作，在定量评价方面做出了一定的贡献[21]。

20世纪60年代，DOW首次提出"火灾、爆炸指数法"用于化工厂安全评价，在国际上引起了巨大的反响[22]。70年代，美国采用事件树、事故树法，分析评价了"核反应堆堆芯熔化"的发生概率及带来的后果，引起了国际上较大的关注[23]。

20世纪60年代，英国公司在DOW的基础上提出了危险与可操作性（HAZOP）分析方法，目前，该方法在石油化工企业中得到了广泛的应用[24]。70年代，ICI提出了蒙德指数法，该方法是在DOW提出的火灾、爆炸指数法上增加了毒性的影响，进一步完善了指数法[25]。日本在70年代提出了"六阶段安全评价法"，该方法可以用于新建、改扩建项目[26]。

从20世纪70年代开始，随着过程工业的不断发展，工艺及技术的日趋复杂，火灾、爆炸及毒性物质泄漏事故也相继增加，这引起了世界范围的极大重视，各国也纷纷开始重视安全工作，并强制颁布了相关的法律法规[27-31]。

中国在 20 世纪末才引入管理学意义上的项目管理，随着研究的深入，风险控制慢慢地在一些国家项目和大型海外项目中得到初步应用。在国外研究的基础上，国内开始研究适合中国国情的风险控制理论体系。1987 年，郭仲伟撰写了《风险分析与决策》，标志着国内风险管理的正式开始[32]。周宜波的风险管理概论，在借鉴国外经验的基础上系统介绍了风险管理的理论与操作[33]。《项目风险管理》中系统研究了风险产生的客观规律，提出了项目风险管理体系，并建立了项目风险的系统管理模型[34]。针对风险管理涉及面广、技术复杂的工程项目，丁香乾等[35]介绍了层次分析法（AHP）的理论及算法。国内风险评估主要集中在热电、房地产、石油化工和公用工程等领域[36-40]。

目前，相对成熟的安全评价方法有数十种，主要分为定性方法、定量方法和半定量方法，每种方法都有各自适用的领域及优势，也有各自的缺点。

目前，通用的主要有安全检查表法（Safety Check List，SCL）、预先危害分析（Preliminary Hazard Analysis，PHA）、故障类型与影响分析（Failure Mode and Effects Analysis，FMEA）、危险与可操作性分析（Hazard and Operability Analysis，HAZOP）、事件树分析（Event Tree Analysis，ETA）、故障树分析（Fault Tree Analysis，FTA）、因果分析法（Causal Analytical Method）、层次分析法、BP 神经网络法等[41-49]，下面进行简单介绍。

（一）安全检查表法

为了查找工程、系统中各种设备设施、物料、工件、操作、管理和组织措施中的危险、有害因素，事先将检查对象进行分解，将大系统分隔成若干小的子系统，以提问或打分的形式，将检查项目列表逐项检查，避免遗漏，此类表格称为安全检查表。

安全检查表能够按照预定目的要求进行检查，突出重点、避免遗漏，便于发现和查明各种危险和隐患。风险管理者可以根据对象的特点编制各种检查表，并将其标准化和规范化，以利于风险管理工作的开展。

安全检查表法的核心是安全检查表的编制和实施。由于事故致因中既有物的因素，也有人的因素，因此，安全检查表不仅应列出所有可能导致事故发生的物的因素，还应列出相关岗位的全部安全职责，以便对人是否正确履行其安全职责进行检查。安全检查表的内容一般包含分类、序号、检查内容、回答、处理意见、检查人、检查时间、检查地点、备注等。

1. 安全检查表的类型

根据检查目的及检查对象不同，安全检查表可以简单地分为定性检查表、半定量检查表和否决型检查表（安全检查表只能做定性分析，不能做定量评估）。

定性检查表将列出的检查要点逐项检查，检查结果可以用"是（√）"（表示符合要求）或"否（×）"（表示还存在问题，有待进一步改进）来表示，结果不可量化；半定量检查表根据每项的重要程度赋以权重，每个检查要点赋以分值，检查结果以总分的形式表达，如此，不同检查对象可以通过分值进行比较，但对检查要点准确的赋值比较困难，主观因素较大；否决型检查表是将一些特别重要的检查要点做出标记，如检查要点不满足要求，检查结果即视为不合格，具有一票否决的效果。

2. 安全检查表的形式

安全检查表有很多形式，可以按照统一要求的标准格式制作，必要时也可根据检查目的和对象特点，对检查表的形式进行专门设计或调整。

进行安全检查时，利用安全检查表能做到目标明确、要求具体、查之有据。对发现的问题做出简明确切的记录，提出解决方案并落实到具体责任人，以便及时整改。

3. 安全检查表的编制依据及方法

安全检查表的编制依据主要有以下几个方面：

（1）有关法律、法规、标准、规程、规范及规定；对检查涉及的工艺指标，应规定出安全的临界值，超过该指标的规定值即应报告并做处理，以使检查表的内容符合法规的要求。

（2）本单位的经验。由本单位工程技术人员、生产管理人员、操作人员和安全技术人员共同总结生产操作的经验，分析导致事故的各种潜在的危险源和外界环境条件。

（3）国内外事故案例。认真收集历史事故教训以及在生产、研究和使用中出现的问题，包括国内外同行业、同类事故的案例和资料。

（4）系统安全分析的结果。根据其他系统安全分析方法(如事故树分析、故障类型及影响分析、预先危险性分析等)对系统进行分析的结果，将导致事故的各个基本事件作为防止灾害的控制点列入检查表。

根据检查对象，安全检查表编制人员可由熟悉系统安全分析的本行业专家(包括生产技术人员)、管理人员以及生产第一线有经验的工人组成。主要编制步骤如下：

① 首先确定检查对象与目的。

② 解剖系统。根据检查对象与目的，把系统剖切分成子系统、部件或元件。

③ 分析可能的危险性。分析各"剖切块"，找出被分析系统(部件或元件)存在的危险源，评定其危险程度和可能造成的结果。

④ 制定检查表。确定检查项目，根据检查目的和要求设计或选择检查表的格式，按系统或子系统编制安全检查表，并在使用过程中加以完善。

4. 安全检查表法应用案例

以某企业储罐安全检查表为例介绍定性检查表，见表5-4。

表5-4 某项目储运设施安全检查表

序 号	检查项目和内容	检查结果		标准依据
		是	否	
一	总体要求			
1	储罐基础、防火堤、隔堤及管架、管墩等材料	√		第6.1.1条
2	储罐的隔热层材料		√	第6.1.2条
二	可燃液体地上储罐			
1	储罐的材料和类型	√		第6.2.1、6.2.2条
2	防日晒设施和冷却设施		√	第6.2.4条
3	储罐布置	√		第6.2.5条
4	罐组	√		第6.2.6、6.2.7条
5	防火间距	√		第6.2.8条
6	防火堤和隔堤内容积	√		第6.2.12条

序　号	检查项目和内容	检查结果		标准依据
		是	否	
7	防火堤和隔堤高度、材料、管道穿堤的防范措施	√		第6.2.17条
8	其他	√		

检查人：　　　　　　　　检查日期：　　　　　　　　审核：

注：由于篇幅限制，对表中"检查项目和内容"栏内容进行简化，仅列出提纲，具体条款略去；表中条款均依据GB 50160—2008《石油化工企业设计防火规范》进行编制，故"标准依据"栏仅列出标准条目编号，不再重复标准名称及标准号。

定性检查表应列明所有导致事故的不安全因素，通常采取提问方式，以"是"或"否"来回答。也可设置改进措施栏，对于不符合、有待改进的因素注明改进措施。为了使提问有标准依据，可以将此问题相关的规章制度、规范标准列在检查表中。

对于半定量检查表，设置判分系统和赋值方法很重要。检查表分成不同的检查单元，判分是检查人员以自己的知识和经验为基础对检查对象的判断意见。根据安全检查表检查结果及各分系统或子系统的权重系数，按照检查表的计算方法，首先计算出各子系统或分系统的分数值，再计算出各评价系统的得分，最后算出系统的得分，确定安全等级。

一般情况下，安全检查表按照检查内容和要求逐项赋值，每张检查表以100分计。不同层次的系统、分系统、子系统设置权重系数，同一层次各系统权重系数之和为1。从子系统安全检查表开始，按照实际得分逐层向上级推算，根据子系统的分数值和权重系数计算上一层分系统的分数值，最后得到系统得分。

（二）预先危害分析法

预先危害分析（PHA）是在进行某项工程活动（包括设计、施工、生产、维修等）之前，对系统存在的各种危险因素（类别、分布）、出现条件和事故可能造成的后果进行宏观、概略分析的系统安全分析方法。其目的是早期发现系统的潜在危险因素，确定系统的危险等级，提出相应的防范措施，防止这些危险因素发展成为事故，避免考虑不周所造成的损失，属定性评价。即讨论、分析、确定系统存在的危险、有害因素及其触发条件、现象、形成事故的原因事件、事故类型、事故后果和危险等级，有针对性地提出应采取的安全防范措施。

预先危害分析主要用于新系统设计、已有系统改造之前的方案设计、选址阶段，人们还没有掌握其详细资料的时候，用来分析、辨识可能出现或已经存在的危险源，并尽可能在付诸实施之前找出预防、改正、补救措施，消除或控制危险源。

预先危害分析的优点在于允许人们在系统开发的早期识别、控制危险因素，可以用最小的代价消除或减少系统中的危险源，它为制定整个系统寿命期间的安全操作规程提出依据。

1. 预先危害分析法的功能

（1）大体识别与系统有关的主要危险。

（2）鉴别产生危险的原因。

（3）估计事故出现对系统产生的影响。

（4）对已经识别的危险进行分级，并提出消除或控制危险性的措施。

2. 预先危害分析步骤

（1）对分析系统的生产目的、工艺过程以及操作条件和周围环境进行充分的调查了解。

（2）收集以往的经验和同类生产中发生过的事故情况，判断所要分析对象中是否也会出现类似情况，查找能够造成系统故障、物质损失和人员伤害的危险性。

（3）根据经验、技术诊断等方法确定危险源。

（4）识别危险转化条件，研究危险因素转变成事故的触发条件。

（5）进行危险性分级，确定危险程度，找出应重点控制的危险源。

（6）制定危险防范措施。

一般地，应按照预先编好的安全检查表进行审查，其审查内容主要有以下几个方面：

（1）危险设备、场所、物质（第一类危险源）。

（2）有关安全的设备、物质间的交接面，如物质的相互反应、火灾爆炸的发生及传播、控制系统等。

（3）可能影响设备、物质的环境因素，如地震、洪水、高（低）温、潮湿、振动等。

（4）运行、试验、维修、应急程序，如人失误后果的严重性、操作者的任务、设备布置及通道情况、人员防护等。

（5）辅助设施，如物质、产品储存，试验设备，人员训练，动力供应等。

（6）有关安全的设备，如安全防护设施、冗余设备、灭火系统、安全监控系统、个人防护设备等。

根据审查结果，确定系统中的主要危险源，研究其产生原因和可能导致的事故。根据导致事故原因的重要性和事故后果的严重程度，把危险源进行粗略的分类。一般地，可以把危险源划分为以下4级。

Ⅰ级：安全的，可以忽略。

Ⅱ级：临界的，有导致事故的可能性，事故后果轻微，应该注意控制。

Ⅲ级：危险的，可能导致事故、造成人员伤亡或财物损失，必须采取措施加以控制。

Ⅳ级：灾难的，可能导致事故、造成人员严重伤亡或财物巨大损失，必须设法消除。

针对辨识出的主要危险源，可以通过修改设计、增加安全措施来消除或控制，从而达到系统安全的目的。

以表格的形式汇总分析结果，典型的结果汇总表包括主要的事故、产生原因、可能的后果、危险性级别、应采取的措施等内容（表5-5）。

表5-5　总体危险性分析评价表

序　号	主要危险源位置	事故、故障类型	触发条件	危险等级	控制措施
1	设备维修操作	机械伤害	（1）违章操作； （2）误操作； （3）设备安全保护装置失灵	Ⅱ	（1）维护检修人员必须严格遵守操作规程； （2）机器传动件的外露部分应有保护装置； （3）设备设有紧急事故停车装置； （4）定期检修、保养设备

序　号	主要危险源位置	事故、故障类型	触发条件	危险等级	控制措施
2	接触敞开式电气设备、接地设备、照明设备等	电气伤害	(1)违章操作； (2)电气设备、线路损坏； (3)所使用的临时照明装备不是安全电压； (4)防护用具不符合要求	Ⅱ～Ⅲ	(1)严格按规章作业； (2)定期检修、维护、更换设备受损器件； (3)检修照明电器为安全电压，潮湿工作场所的照明装置、电力线路选用绝缘性能好的产品； (4)凡操作人员能触及的裸带电体要设置安全围栏； (5)正在送电运行及检修设备时挂警示牌等标志； (6)防护用具进行符合性试验，且作业人员使用合格的防护用具
3	人员巡视时	摔伤	(1)障碍物无警示标志； (2)室内光线过暗； (3)楼梯地面结冰、湿滑； (4)人员安全意识差	Ⅱ	(1)位置较低的管道等障碍物有明显警示标志； (2)确保室内照明； (3)楼梯踏板采用花纹钢板或进行防滑处理； (4)保持地面干燥清洁
4	腐蚀性物质存放或投加时	腐蚀及化学灼伤	(1)操作不当； (2)腐蚀性物质泄漏； (3)人员缺乏必要保护	Ⅱ～Ⅲ	(1)严格按规章作业，小心投加； (2)定期检查设备容器是否有缺陷； (3)为操作人员配备个体劳动防护用品，如防护手套、靴子等
5	维护、检修高处设备；在井、池、洞上面或附近作业	高处坠落	(1)防护措施不全或损坏； (2)违反安全规程； (3)未正确使用合格可靠的防坠落用品； (4)未安排专职监护人员或监护人员脱岗	Ⅱ～Ⅲ	(1)应健全防护设施，高处平台四周设置防护栏杆； (2)平台栏杆和爬梯扶手应有足够的刚度和强度； (3)楼梯必须考虑防滑措施； (4)定期检查和维护防坠落用品； (5)监护人员坚守岗位，并事先约定联系信号； (6)办理"高处安全作业证"，确认安全措施落实后方可进行作业
6	接触表面温度超过60℃的设备、管道、高温介质	烫伤	(1)高温部位无明显标志； (2)保温材料损坏； (3)高温介质泄漏	Ⅱ	(1)表面温度超过60℃的设备、管道应采取保温措施； (2)高温管道、阀门质量可靠； (3)采取保温、高温部位设警示标志或隔离措施； (4)定期检查和维护

续表

序 号	主要危险源位置	事故、故障类型	触发条件	危险等级	控制措施
7	接触低温设备、管道，冬季长时间室外作业	冻伤	(1) 低温设施防护损害； (2) 低温介质液氧、液氮、液态丙烯等发生泄漏； (3) 低温作业操作失误； (4) 严寒气候条件下长时间室外作业	Ⅱ	(1) 定期检查低温设施防护措施，使其保持有效； (2) 采取工程技术和管理方面的措施防止低温介质泄漏； (3) 严格按安全作业规程操作； (4) 减少严寒气候条件下室外作业时间

(三) 故障类型和影响分析法

故障类型和影响分析(FMEA)是对系统各组成部分、元件进行分析的重要方法。它是用于辨识某个设备或设备元件的故障类型，并分析该故障对系统或装置可能造成的影响，进而提出提高该设备可靠性建议的一种定性分析方法。系统的子系统或元件在运行过程中会发生故障，而且往往可能发生不同类型的故障。例如，电气开关可能发生接触不良或接点粘连等类型故障。不同类型的故障对系统的影响是不同的。这种分析方法首先找出系统中各子系统及元件可能发生的故障及其类型，查明各种类型故障对邻近子系统或元件的影响以及最终对系统的影响，提出消除或控制这些影响的措施。

故障类型和影响分析是一种系统安全分析归纳方法。早期的故障类型和影响分析只能做定性分析，后来在分析中包括了故障发生难易程度的评价或发生的概率，从而把它与致命度分析(Critical Analysis)结合起来，构成故障类型和影响、危险度分析(FMECA)。这样，若确定了每个元件的故障发生概率，就可以确定设备、系统或装置的故障发生概率，从而定量地描述故障的影响。

系统、子系统或元件在运行过程中，由于性能低劣，不能完成规定的功能时，则称为故障发生。

系统或元件发生故障的机理十分复杂，故障类型是由不同故障机理显现出来的各种故障现象的表现形式。因此，一个系统或一个元件往往有多种故障类型。

(1) 结构破损、机械性卡住、振动、不能保持在指定位置上、不能开启、不能关闭、误开、误关、内漏。

(2) 外漏、超出允许上限、超出允许下限、间断运行、运行不稳定、意外运行、错误指示、流动不畅、假运行。

(3) 不能开机、不能关机、不能切换、提前运行、滞后运行、输入量过大、输入量过小、输出量过大、输出量过小。

(4) 无输入、无输出、电短路、电开路、漏电及其他类型故障。

对产品、设备、元件的故障类型、产生原因及其影响应及时了解和掌握，才能正确地采取相应措施。若忽略了某些故障类型，这些类型故障可能因为没有采取防止措施而发生事故。例如，美国在研制 NASA 卫星系统时，仅考虑了旋转天线汇流环开路故障而忽略了短路故障，结果由于天线汇流环短路故障使发射失败，造成 1 亿多美元的损失。

掌握产品、设备、元件的故障类型需要积累大量的实际工作经验，特别是通过故障类型和影响分析来积累经验。

FMEA 实施的基本思路是采取系统分割的概念，根据所需分析情况，将系统分割。FMEA 分析流程如下：

（1）熟悉系统。分析工作开展之初要熟悉系统的有关资料，了解系统的组成情况，系统、子系统、元件的功能及其相互关系，了解系统的工作原理、工艺流程及有关参数等。此外，还需明确系统边界（包括系统的初始运行条件或单元状态），了解系统及其他系统的相互关系、人机关系，以及其他环境条件的要求等。为了解上述情况，需了解系统的设计任务书、技术设计说明书、图纸、使用说明书、标准、规范、事故情报等资料。

（2）确定分析层次。分析层次的确定一般考虑两个因素：一是分析目的；二是系统复杂程度。如果分析层次不深入，就会漏掉重要的故障模式，得不到所需的信息；反之，若分析得过深，所有元件深入分析会造成结果繁杂，耗时耗力，有针对性地制定措施也很困难。因此在分析层次环节，需要确定关键子系统，后续对关键子系统深入分析，对次要子系统可浅显分析，甚至不分析。

（3）绘制系统功能框图和可靠性框图。绘制系统功能框图时，需要将系统安装功能进行分解，并表示出子系统及各功能单元之间的输入、输出关系。可靠性框图是研究如何保证系统正常运行的系统图，侧重于表达系统的功能与各功能单元的功能逻辑关系。

（4）列出所有故障类型并分析其影响。针对框图绘出的与系统功能和可靠性有关的部件、元件，根据理论知识、实践经验和有关故障资料，列出所有可能的故障类型，并分析对其子系统、系统、人的影响。

（5）分析故障原因及故障检测方法。分析故障原因既要注意系统的内在因素，也要注意外在因素。对每种故障类型都要明确相应的检测方法。对操作人员在操作过程中无法感知的故障，应考虑制定专门的检测措施。

（6）确定故障等级。可以根据故障的影响，对照故障严重度分级标准进行故障等级划分。

根据某企业氯化氢精馏塔工艺流程图，该塔控制系统包含温度控制子系统（温度传感器、温度控制阀）、压力控制子系统（压力传感器、压力控制阀、安全阀）和液位控制子系统（液位传感器、进出口流量阀等）。现以温度控制子系统 FMEA 分析条目为例，展示 FMEA 方法分析结果（表5-6）。

表5-6　温度控制阀故障类型及影响分析

编号	故障类型	故障影响	安全措施	建议	落实人	备注
1	故障开	使 HCl 塔过热，可能导致塔的超压和 HCl 的泄放	（1）塔设置多个温度传感器；（2）设置塔的高温报警和连锁；（3）塔顶回流冷凝考虑冗余设计	（1）增加压力高报警器；（2）制定高温时的应急响应预案，以便操作人员紧急情况下使用	LM	
2	故障关	HCl 塔冷却，没有不利影响				
3	外漏	损失蒸汽，没有不利影响				

续表

编号	故障类型	故障影响	安全措施	建议	落实人	备注
4	内漏	（1）使 HCl 塔过热，然而加热速率较慢； （2）可能导致塔的超压和 HCl 的泄放	（1）塔设置多个温度传感器； （2）设置塔的高温报警和连锁； （3）塔顶回流冷凝考虑冗余设计； （4）操作人员有充足时间诊断问题，并可以手动切断该阀			安全措施已足够，不再需要其他建议措施

（四）危险性与可操作性分析法（HAZOP）

HAZOP 是由 ICI 于 20 世纪 60 年代发展起来的。HAZOP 是以系统工程为基础，针对化工装置研发的一种危险性评价方法。

HAZOP 由 HAZOP 研究小组来执行。HAZOP 的基本步骤就是对要研究的系统做一个全面的描述，然后用引导词作为提示，系统地对每一个工艺过程进行提问，以识别出与设计意图不符的偏差。在识别出偏差以后，就要对偏差进行评价，以判断出这些偏差及其后果是否会对工厂的安全和操作效率有负面作用，然后采取相应的补救行动。

HAZOP 研究的主要工具是引导词，它和具体的工艺参数相结合，找出偏差，并分析偏差原因：引导词+工艺参数＝偏差。

1. HAZOP 引导词

HAZOP 是一种系统地提出问题和分析问题的研究方法，其一个本质的特征就是使用引导词，用引导词把 HAZOP 小组成员的注意力集中起来，使小组成员致力寻找到偏差和可能引起偏差的原因。引导词一般有以下几个：

（1）不或没有（no/none）：跟设计意图完全相反，流量、容量、水平。

（2）更多（more）：一些指标数量上的增加，流量、压力、温度、黏度。

（3）更少（less）：一些指标数量上的减少，流量、压力、温度、黏度。

（4）以及（as well as）：定性增加，信号、浓度。

（5）部分（part of）：定性减少，信号、浓度。

（6）反向（reverse）：与原来意图逻辑上相反，流量。

（7）除了（other than）：完全替代，浓度、信号。

引导词通常与一系列的工艺参数结合起来一起用，每个引导词都有适用的范围，并不是每个引导词都适用于所有的过程，它与工艺参数的结合必须有一定的意义，即可判断出过程偏差。比如说，考虑的过程变量是温度的话，只有引导词 more 或 less 与温度结合才有可能判断出过程偏差。

2. 进行 HAZOP 研究

HAZOP 主要是 HAZOP 小组利用引导词作为提示，与工艺参数相结合，从而判断出与设计意图不吻合的各种偏差。

引导词保证作为一个系统整体的各个工厂部分都要研究到，并且要考虑到与设计意图相违背的各种可能的偏差。图5-6所示的步骤是在 HAZOP 研究中反复重复进行的，直到 HAZOP 研究完成结束。

3. HAZOP 结果的记录

HAZOP 研究的结果应由 HAZOP 记录员精确地记录下来。记录方法有两种：选择性记录、完全记录。

在 HAZOP 研究方法的早期，主要用的记录方法是选择性记录，这种记录方法的原则是只记录那些比较显著的危险和操作性后果的偏差，而不是所有被讨论的主题。这是因为在早期，这些记录资料主要是在公司内部使用，而且早期记录主要是手工记录，这种记录方法也提高了记录的效率，节省了时间。

完全记录就是记录下 HAZOP 会议中所有被讨论的议题，即使是那些小组认为无关紧要的问题。完全记录可以向公司以外的第三方说明公司已经进行了严格的 HAZOP 研究。现在由于有了计算机，利用软件可以实时地记录下 HAZOP 会议小组所讨论的各种问题，以前手工时代所顾虑的时间和效率问题都得到了解决，也使得完全记录变得实际可行。

以液位和流量两个工艺参数为例，结合相应引导词，给出常用的 HAZOP 分析偏差及可能原因。

（1）液位偏高（more），可能原因如下：

① 出口被封死或堵塞。

② 因控制故障引起进口流量大于出口流量。

③ 液位测量故障。

④ 液泛。

⑤ 压力湍动。

⑥ 腐蚀。

⑦ 污泥。

（2）液位，偏低（less），可能原因如下：

① 无液体流入。

② 泄漏。

③ 出口流量大于进口流量。

④ 控制故障。

⑤ 液位测量故障。

⑥ 液泛。

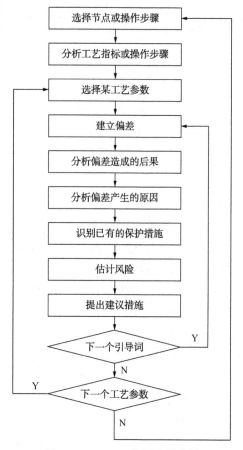

图 5-6　HAZOP 分析法示意图

⑦ 压力湍动。

⑧ 腐蚀。

⑨ 污泥。

（3）液位，高（more），可能原因如下：

① 泵的能力增加。

② 进口压力增加。

③ 输送压头降低。

④ 换热器管程泄漏。

⑤ 未安装流量限制孔板。

⑥ 系统互串。

⑦ 控制故障。

⑧ 控制阀进行调整。

⑨ 启动了多台泵。

（4）液位，偏低（less），可能原因如下：

① 障碍。

② 输送线路错误。

③ 过滤器堵塞。

④ 泵损坏。

⑤ 容器、阀门、孔板堵塞。

⑥ 密度、黏度发生变化。

⑦ 汽蚀。

⑧ 排污管泄漏。

⑨ 阀门未全开

（5）液位，无（none），可能原因如下：

① 输送线路错误。

② 堵塞。

③ 滑板不对。

④ 单向阀装反了。

⑤ 管道或容器破裂。

⑥ 大量泄漏。

⑦ 设备失效。

⑧ 错误隔离。

⑨ 压差不对。

⑩ 气缚。

（6）液位，相逆（reverse），可能原因如下：

① 单向阀装反了。

② 虹吸现象。

③ 压力差不对。

④ 双向流动。

⑤ 紧急放空。

⑥ 误操作。

⑦ 内嵌备用设备。

⑧ 泵的故障。

⑨ 泵反转。

(五)事件树分析法

事件树分析 ETA 是一种从原因推论结果的(归纳的)系统安全分析方法,它按事故发展的时间顺序由初始事件出发,按每一事件的后继事件只能取完全对立的两种状态(成功或失败、正常或故障、安全或事故等)之一的原则,逐步向事故方面发展,直至分析出可能发生的事故或故障为止,从而展示事故或故障发生的原因和条件。通过事件树分析,可以看出系统的变化过程,从而查明系统可能发生的事故和找出预防事故发生的途径。事件树分析适用于多种环节事件或多重保护系统的危险性分析,既可用于定性分析,也可用于定量分析。它最初用于核电站的安全分析,在其他工业领域也得到广泛的应用。事件树分析步骤如下:

(1)确定初始事件。

初始事件可以是系统或设备故障、人员失误或工艺参数偏移等可能导致事故发生的事件。确定初始事件一般依靠分析人员的经验和有关运行、故障、事故统计资料来确定;对于新开发系统或复杂系统,往往先应用其他分析、评价方法分析的因素中选定(如用事故树分析重大事故原因,从其中间事件、基本事件中选择),用事件树分析方法做进一步的重点分析。

(2)判定安全功能。

系统中包含许多能消除、预防、减弱初始事件影响的安全功能(安全装置、操作人员的操作等)。常见的安全功能有自动控制装置、报警系统、安全装置、屏蔽装置和操作人员采取措施等。

(3)发展事件树和简化事件树。

从初始事件开始,自左至右发展事件树。首先,把初始事件一旦发生时起作用的安全功能状态画在上面的分支,不能发挥安全功能的状态画在下面的分支。然后依次考虑每种安全功能分支的两种状态,把发挥功能(正常或成功)的状态画在次级分支的上面分支,把不能发挥功能(故障或失败)的状态画在次级分支的下面分支,层层分解直至系统发生事故或故障为止。简化事件树是在发展事件树的过程中,将与初始事件、事故无关的安全功能和安全功能不协调、矛盾的情况省略、删除,达到简化分析的目的。

(4)分析事件树。

找出事故连锁和最小割集。事件树各分支代表初始事件一旦发生后其可能的发展途径,其中导致系统事故的途径即为事故连锁。一般导致系统事故的途径有很多,即有很多事故连锁。

事故连锁中包含的初始事件和安全功能故障的后继事件构成了事件树的最小割集(导致事故发生的事件的最小集合)。事故树中包含多少事故连锁,就有多少最小割集;最小割集越多,系统越不安全。

找出预防事故的途径。事件树中最终达到安全的途径指导我们如何采取措施预防事故发生。在达到安全的途径中,安全功能发挥作用的事件构成事件树的最小径集(保证事故不发生的事件的最小集合），一般事件树中包含多个最小径集，即可以通过若干途径防止事故发生。

由于事件树表现了事件间的时间顺序，因此应尽可能地从最先发挥作用的安全功能着手。

（5）事件树的定量分析。

由各事件发生的概率计算系统事故或故障发生的概率。

当各事件之间相互统计不独立时，定量分析非常复杂，各发展途径的概率等于自初始事件开始的各事件发生概率的乘积。

事件树分析法如图 5-7 所示。

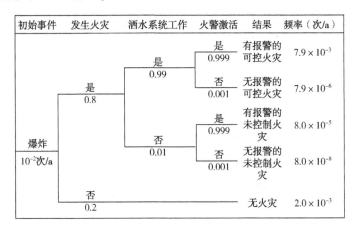

图 5-7　事件树分析法示意图

（六）故障树分析法

故障树 FTA 是一种描述事故因果关系的有向逻辑"树"，是安全系统工程中重要的分析方法之一（图 5-8）。该法尤其适用于对工艺设备系统进行危险识别和评价，既适用于定性分析，又能进行定量分析。具有简明、形象化的特点，体现了以系统工程方法研究安全问题的系统性、准确性和预测性。FTA 作为安全分析评价、事故预测的一种先进的科学方法，已得到国内外的公认和广泛采用。

1962 年，美国贝尔电话实验室的维森（Watson）提出此法。该法最早用于民兵式导弹发射控制系统的可靠性研究，从而为解决导弹系统偶然事件的预测问题做出了贡献。随之波音公司的科研人员进一步发展了 FTA 方法，使之在航空航天工业方面得到应用。20 世纪 60 年代，FTA 由航空航天工业发展到以原子能工业为中心的其他产业部门。1974 年，美国原子能委员会发表了关于核电站灾害性危险性评价报告（拉斯姆逊报告），对 FTA 进行了大量和有效的应用，引起了全世界广泛的关注。目前，此法已在国内外许多工业部门得到应用。

从 1978 年起，中国开始了 FTA 的研究和应用工作。FTA 不仅能分析出事故的直接原因，而且能深入提示事故的潜在原因，因此在工程或设备的设计阶段、在事故查询或编制新的操作方法时，都可以使用 FTA 对它们的安全性做出评价。实践证明，FTA 适合中国国情，适合普遍推广使用。

1. 故障树分析法的分析步骤

故障树分析是对既定的生产系统或作业中可能出现的事故条件及可能导致的灾害后果，

按工艺流程、先后次序和因果关系绘成程序方框图，表示导致灾害、伤害事故(不希望事件)的各种因素之间的逻辑关系。它由输入符号或关系符号组成，用以分析系统的安全问题或系统的运行功能问题，并为判明灾害、伤害的发生途径及与灾害、伤害之间的关系提供一种最为形象、简洁的表达形式。

故障树分析的基本程序如下：

(1) 熟悉系统。要详细了解系统状态、工艺过程及各种参数，以及作业情况、环境状况等，绘出工艺流程图及布置图。

(2) 调查事故。广泛收集同类系统的事故，进行事故统计(包括未遂事故)，设想给定系统可能要发生的事故。

(3) 确定顶上事件。要分析的对象事件即为顶上事件。对所调查的事故进行全面分析，分析其损失大小和发生的频率，从中找出后果严重且较易发生的事故作为顶上事件。

(4) 确定目标值。根据经验教训和事故案例，经统计分析后，求出事故发生的概率(频率)，作为要控制的事故目标值，计算事故的损失率，采取措施，使之达到可以接受的安全指标。

(5) 调查原因事件。全面分析、调查与事故有关的所有原因事件和各种因素，如设备、设施、人为失误、安全管理、环境等。

(6) 画出故障树。从顶上事件起，按演绎分析的方法，逐级找出直接原因事件到所要分析的深度，按其逻辑关系，用逻辑门将上下层连接，画出故障树。

(7) 定性分析。按故障树结构，运用布尔代数进行简化，求出最小割(径)集，确定各基本事件的结构重要度。

(8) 求出顶上事件发生概率。确定所有原因发生概率，标在故障树上，进而求出顶上事件(事故)发生概率。

(9) 进行比较。将求出的概率与统计所得概率进行比较，如不符，则返回查找原因事件是否有误或遗漏，逻辑关系是否正确，基本原因事件的概率是否合适等。

(10) 定量分析。分析研究事故发生概率以及如何才能降低事故概率，并选出最优方案。通过重要度分析，确定突破口，可行性强的加强控制，防止事故发生。

原则上是上述10个步骤，在分析时可视具体问题灵活掌握，如果故障树规模很大，可借助计算机进行。目前，中国FTA一般考虑到第(7)步进行定性分析为止，也能取得较好效果。

2. 故障树符号和逻辑门

故障树是由各种符号与它们相连接的逻辑门所组成。

故障树使用布尔逻辑门(如"与"和"或")产生系统的故障逻辑模型，来描述设备故障和人为失误是如何组合导致顶上事件的。许多故障树模型可通过分析一个较大的工艺过程得到，实际的模型数目取决于危险分析人员选定的顶上事件数，一个顶上事件对应着一个事故模型。故障树分析人员常对每个故障树逻辑模型求解产生故障序列，称为最小割集，由此可导出顶上事件。这些最小割集序列可以通过每个割集中的故障数目和类型定性排序。一般地，含有较少故障数目的割集比含有较多故障数目的割集更可能导致顶上事件。最小割集序列揭示了系统设计、操作的缺陷，对此分析人员应提出可能提高过程安全性的途径。

进行FTA，需要详细了解系统功能、详细的工艺图和操作程序以及各种故障模式和它们的结果。因此，良好技术素质和经验是分析人员有效和高质量运用 FTA 的保证。

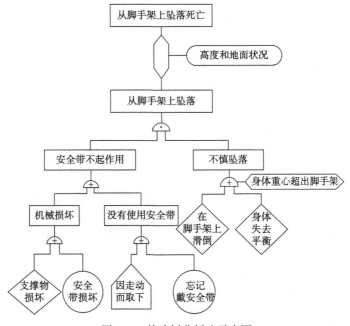

图 5-8　故障树分析法示意图

（七）因果分析法

因果分析法的概念是把系统中产生事故的原因及造成的结果所构成的错综复杂的因果关系，采用简明文字和线条加以全面表示的方法称为因果分析法。用于表述事故发生的原因与结果关系的图形为因果分析图。因果分析图的形状像鱼刺，故也称为鱼刺图。

鱼刺（因果）图是由原因和结果两部分组成的，一般情况下，可从人的不安全行为（安全管理、设计者、操作者等）和物质条件构成的不安全状态（设备缺陷、环境不良等）两大因素中从大到小、从粗到细、由表及里、深入分析，则可得出类似如图 5-9 所示的鱼刺图。

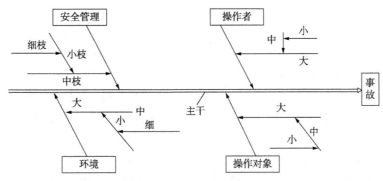

图 5-9　因果分析法示意图

在绘制图形时，一般可按下列步骤进行：

（1）确定要分析的某个特定问题或事故，写在图的右边，画出主干，箭头指向右端。

（2）确定造成事故的因素分类项目，如安全管理、操作者、材料、方法、环境等，画大枝。

（3）将上述项目深入发展，中枝表示对应的项目造成事故的原因，一个原因画出一个枝，文字记在中枝线的上下。

（4）将上述原因层层展开，一直到不能再分为止。

（5）确定因果鱼刺图中的主要原因，并标上符号，作为重点控制对象。

（6）注明鱼刺图的名称。

可归纳为：针对结果，分析原因；先主后次，层层深入。

此法简便实用，易于推广。当事故发生后，用其寻找原因能使大家的认识系统化、条理化、使图中的因果关系层次分明。

应注意在寻找原因时，防止只停留在罗列表面现象，而不深入分析因果关系的情况，原因表达要简练明确。

这一方法原来主要用于全面质量管理方面。十几年来，已被广泛地用于安全工程领域的分析中，成为一种重要的事故分析方法。在实际使用中，也可以针对经常发生的事故，或事故后果比较严重的典型作业，绘制成预防事故的因果分析图。这样，不仅可以直观了解事故因素的分布和关联，还能够指出预防事故的重点因素，提醒人们做好预防措施。绘制时，应当围绕分析的重点，后果（伤亡、损失）、事故次数（频率）、偶然事故的次数（频率）、安全检查指出的故障等数据，通过排列、关联、反馈和检验等方法进行分析，经过反复实践和修正之后才能做成，这种鱼刺图对事故的预防会起到积极有效的作用。

（八）层次分析法

层级分析法（AHP）是美国运筹学家，匹兹堡大学教授 T. L. Saaty 于 20 世纪 70 年代提出来的，它是一种对较为模糊或较为复杂的决策问题是用定性与定量分析相结合的手段做出决策的简易方法。特别是将决策者的经验判断给予量化，它将人们的思维过程层次化，逐层比较相关因素，逐层检验比较结果的合理性，由此提供较有说服力的依据。很多决策问题通常表现为一组方案的排序问题，这类问题就可以用 AHP 法解决。近几年，此法在国内外得到广泛的应用。

层次分析法是建立在系统理论基础上的一种解决实际问题的方法。用层次分析法做系统分析，首先要把问题层次化。根据问题的性质和所达到的总目标，将问题分解为不同的组成因素，并按照因素间的相互关联、影响及隶属关系将因素按不同层次聚集组合，形成一个多层次的分析结构模型，并最终把系统分析归结为最低层（供决策的方案措施等）相对于最高层（总目标）的相对重要性权值的确定或相对优劣次序的排序问题。

人们在对社会、经济以及管理领域的问题进行系统分析时，面临的经常是一个由相互关联、相互制约的众多因素构成的复杂系统。层次分析法则为研究这类复杂的系统，提供了一种新的、简洁的、实用的决策方法。

层次分析法（AHP 法）是一种解决多目标的复杂问题的定性与定量相结合的决策分析方法。该方法将定量分析与定性分析结合起来，用决策者的经验判断各衡量目标能否实现的标准之间的相对重要程度，并合理地给出每个决策方案的每个标准的权数，利用权数求出各方案的优劣次序，比较有效地应用于那些难以用定量方法解决的课题。

层次分析法根据问题的性质和要达到的总目标，将问题分解为不同的组成因素，并按照因素间的相互关联影响以及隶属关系将因素按不同层次聚集组合，形成一个多层次的分析结构模型，从而最终使问题归结为最低层（供决策的方案、措施等）相对于最高层（总目标）的相对重要权值的确定或相对优劣次序的排定。

层次分析模型的三个特征：

（1）它是现实系统的抽象或模仿。

（2）它是由与分析问题相关的部分或因素构成的。

（3）它表明这些有关部分或因素之间的关系。

在决策问题中，通常可以划分为最高层、中间层和最低层三类层次。

最高层：表示解决问题的目的，即层次分析所要达到的总目标。

中间层：也称准则层，表示采取某种措施、政策、方案等来实现预定总目标所涉及的中间环节。

最低层：表示要选用的解决问题的各种措施、政策、方案等。

决策是指在面临多种方案时需要依据一定的标准选择某一种方案。日常生活中有许多决策问题。例如：

（1）在海尔、新飞、容声和雪花四个牌号的电冰箱中选购一种。要考虑品牌的信誉、冰箱的功能、价格和耗电量。

（2）在泰山、杭州和承德三处选择一个旅游点。要考虑景点的景色、居住的环境、饮食的特色、交通便利和旅游的费用。

（3）在基础研究、应用研究和数学教育中选择一个领域申报科研课题。要考虑成果的贡献（实用价值、科学意义）、可行性（难度、周期和经费）和人才培养。

运用层次分析法构造系统模型时，大体可以分为以下四个步骤：

（1）建立层次结构模型。

（2）构造判断（成对比较）矩阵。

（3）层次单排序及其一致性检验。

（4）层次总排序及其一致性检验。

（九）BP神经网络法

从20世纪40年代开始，各国的科学家为了揭开人脑思维的奥秘，从不同的研究角度展开了长期不懈的探索，经过几十年的努力，逐渐形成了一个多学科交叉的前沿研究领域——人工神经网络（Artificial Neural Network，ANN）。

人工神经网络由许多并行运算的简单单元组成，这些单元类似于生物神经系统的神经元。神经网络是一个非线性动力学系统，其特色在于信息的分布存储和并行协同处理。虽然单个神经元的结构和功能较为简单，但是大量神经元构成的网络系统所能实现的功能则是相当强大的，它具备集体运算和自适应的能力，还具有很强的容错性和稳定性。人工神经网络还擅长联想、综合和对现有实际情况进行推广的能力。

各国的科学家从不同的角度对生物神经系统进行了不同层次的描述和模拟，建立了各种各样的神经网络模型。具有代表性的有感知器（Perceptron）、线性网络（Linear Network）、BP神经网络、RBF网络、双向联想记忆（BAM）、Hopfield模型、自组织神经网络（Self Organization NN）以及回归网络（Regression Network）等。

1. 人工神经网络的基本原理

人工神经网络是高度复杂的非线性动力学系统，它是由大量简单的处理单元——神经元广泛地相互连接而形成的复杂的网络结构。它反映了人脑功能的许多的基本特性，但它不是人脑神经网络系统的实际再现，而仅仅是对人脑某些机能的抽象、简化及模拟。这也是现实中所能够做到的。研究人工神经网络的目的是探索人脑加工、存储和处理信息的机制，从而开发出具有人脑智能的仿真机器，以实现采用一般方法难以实现的功能。

人工神经网络是一个高度复杂的非线性动力学系统。虽然组成神经网络的每一个神经元的结构和功能比较简单，但是大量网络构成的系统的行为却丰富多彩，十分复杂。人工神经网络具有一般非线性系统的共性，但其个性特征也十分显著，例如，神经网络具有高维性，神经元之间具有广泛的连续性、自适应性及自组织性等。

在人工神经网络中发生的动力学过程分为快过程和慢过程两类。快过程是指人工神经网络的计算过程，是人工神经网络活跃状态的模式变换过程。人工神经网络在外界输入的影响下进入一定的状态，由于神经元之间相互联系以及神经元本身的动力学性质，这种外界刺激的兴奋模式会迅速地演变而进入平衡状态。这样，具有特定结构的人工神经网络就可以定义一类模式变换，计算过程就是通过这一类模式变换而实现的。快过程是短期记忆的基础，从输入状态到其临近的某平衡状态的映射是多对一的对应关系。

慢过程是人工神经网络的学习过程，人工神经网络只有通过学习才能够逐步具备快过程的变换能力。在慢过程中，神经元之间的连接强度将根据环境信息发生缓慢的变化，将环境信息逐步存储于人工神经网络中。这种由于连接强度的变化而形成的记忆是长久的。慢过程的目标是形成一个具有一定结构的自组织系统，这个自组织系统与环境交互作用，把环境的规律反映到自身结构上来，也就是通过与外界环境的相互作用，从外界获取知识。

2. BP 神经网络基本原理

BP 神经网络由输入层、隐含层、输出层三层结构组成。可以发现，BP 神经网络中的层间全连接、层内无连接，神经元的输入为上一层的所有输出加权求和，各层输出后逐层向下传递，直至神经网络的输出层。这种周而复始的自学习方式模拟了人类的神经元结构，可以实现对复杂问题的处理和解决能力。在合理构建用于炼化项目风险管理的 BP 神经网络模型时，便可充分利用 BP 神经网络自学习能力强的优势，解决炼化项目风险的复杂问题。其具体的解决方式为：构建适应化工项目风险管理的模型，对主体装置设施进行风险梳理，根据数据间统计规律得到数据间映射关系，适用于处理炼化项目风险中逻辑性要求不高、模糊性的信息。

前向多层神经的反传学习理论 BP 不仅具有输入和输出单元，而且还有一层或多层隐单元，当输入信号时，首先是到隐含层点，经过作用函数后，再把隐含层单元输出信息传到输出层单元，经过处理后给出输出结果。

目前，在安全评价中应用较多的是具有多输入单元和单输出单元的 3 层 BP 神经网格。输入信号从输入层经隐含层单元逐层处理，并传向输出层，每一层神经元的状态只影响下一层神经元的状态。如果输出层不能得到期望的输出，则转入反向传播，将输出信号的误差沿原来的连接通路返回，通过修改各层神经元的权值，使得误差最小（收敛）。

人工神经网络法在国内类似电子商务的科技领域以及工程建设领域得到了应用。陈辉等[75]利用神经网络 MLP 模型，建立了青藏公路铁路沿线生态风险评估模型。赵峰[76]提出了用于项目投资风险评估的 UP 神经网络模型。陈建宏等[77]结合模糊理论与神经网络建立了矿山工程项目开发投资风险评估模型。胡文发[78]提出了一种基于 BP 神经网络算法的国际工程项目政治风险评估模型。李铁军等[79]结合 Delphi 法、ANN 法和概率法对油田经营风险进行评价，形成了一种基于模糊熵加权的油田经营风险评估法。

神经网络技术能够解决庞大的非线性系统、离散系统，而炼化由于具有装置众多、工艺复杂、涉及物料较多等特点，其风险因素较为复杂，适合应用神经网络技术进行风险评估。

3. BP 神经网络优势

1）解决项目风险多变性问题

BP 神经网络的典型能力还包括抗干扰能力和可处理非线性问题。当通过以后的项目经验采集特征数据后，即可对 BP 神经网络进行训练和学习。当模型满足一定的处理能力后，就将具有很强的抗干扰能力。项目在运行周期过程中，项目风险发生特征变化是常有的客观事实，其直接效果是给识别模型的运行和处理带来障碍。然而，BP 神经网络的抗干扰能力能够很好地应对这种风险特征突变现象，结合算法的非线性处理能力，更能适应炼化项目的风险管理。

2）解决化工项目风险准确性问题

BP 神经网络可以对模型的算法和结构进行自组建，具有非常灵活的可操作性。当建立了较为完善的模型，且能够收集到一定数量的特征数据时，就可以做到较为精确地拟合，在训练数据覆盖的范围内逼近目标内容。这对炼化项目风险管理带来的影响是直观的。当目标项目的特征指标输入已训练好的 BP 神经网络中，便能输出一定的量化指标。这样精确的量化指标对于风险等级的判定是非常有益的。当风险管理可以解决和识别化工项目风险准确性问题时，便能未雨绸缪，将重大的项目风险提前避免。

本书采用 BP 神经网络方法对识别出的炼化工程风险因素进行风险评估，后面将进行详细介绍。

（十）其他方法

除上述方法外，1995 年美国空军电子系统中心提出了风险矩阵法，对项目进行风险识别及概率分析[50,51]。1997 年，Robert 和 Jahidul[52] 提出了一种定量分析模型和方法，包括费用模型、能力成熟度模型等。2001 年，Dorota Kuchta[53] 和 Serguieva 等[54] 提出了模糊数理论和基于模糊区间的风险评估体系。

在炼化工程项目的生命周期中，涉及很多风险，如政治和经济风险[55,56]，环境风险[57-59]，价格波动和金融风险[60-62]，地质和技术风险[63]。Aven 和 Pitblado[64] 讨论了石油项目风险管理的实践，重点是风险分析及应急管理。X. Xie 等[65] 针对石油项目的动态投资风险管理设计了一种基于变精度粗糙集理论（VPRS）的自适应算法。Ma Hong 和 Sun Zhu[66] 结合世界石油形势，分析了国际政治环境风险对中国跨国石油项目的三个影响因素，包括国际关系与战争、社会环境、法律或政策变化，建立了风险因素体系及风险评估方法，并提出了相应的控制措施。

Liu Yijun 和 Lin Shanshan[67] 应用德尔菲法针对天然气产业链总结了 5 类风险因素，包括资源风险、运输风险、市场风险、链条不平衡风险和环境风险，提出了 4 个层次、46 个风险指标的评价指标体系。Prasanta Kumar[68] 利用因果关系图识别炼油厂建设过程中的风险，利用层次分析法（AHP）分析该风险，利用风险图制定了应对措施，最后利用决策树分析优化了风险缓解策略。Valipour 等[69,70] 采用网络层次分析法（Analytic Network Process，ANP）分析了 EPC 项目建设过程中风险分配标准之间的反馈和相互依赖关系，取得了良好的研究结果。Jin[71] 利用神经模糊数学法建立了风险分配模型网络。Xu 等[72] 开发了一种模糊综合评价方法来获得适当的风险分配。Khazaieni 等[73,74]提出了一种模糊层次分析法来平衡风险分配。

尽管近几年风险管理的重要性在国内各领域的新建工程项目中越来越受到重视，但是与国外的风险管理经验相比，起步晚、经验少，缺乏系统性和专业性。目前，中国的工程项目风险管理水平仍处于引进、吸收和消化阶段[80]。尤其在一些小型企业或私营企业，风险管理还没有引起足够的重视。在西方发达国家，工程项目风险管理从最初的国防、航天领域已经应用到石油化工、矿山等领域。专门的风险管理部门制定相应的工程项目风险管理手册来规范风险管理，使风险管理更加系统化和专业化。为了缩短与发达国家在风险管理方面的差距，国内学者不应当仅仅照搬照抄国外的相关经验，而是必须根据中国国情及实际情况，实践和理论相结合，探索出一套适合自己的风险管理方法，更好地解决中国工程项目风险管理的现实问题。

四、风险因素综合评价模型

风险的大小可以用风险发生的概率及其造成的事故后果的严重程度的乘积表示。风险因素发生的可能性取值可参照表5-7，风险因素发生的严重性取值可参照表5-8。

若某一风险因素完全不可能发生，那么此风险事件发生的可能性取值为0；若该风险事件一定会发生，则可能性取值为5（表5-7）。若风险因素发生后不会带来任何损失，则严重性取值为0；若风险因素造成巨额的难以承受的事故损失，则严重性取值为10（表5-8）。这种风险评估方法是依据对工程风险的认知经验，当评价人员的认知水平存在局限性时，评价结果就会产生偏差，所以应将多个专业的专家评分意见综合在一起，以提高评价结果的准确性。

表5-7　风险可能性分值

风险可能性	低	较低	中	较高	高
分值	1	2	3	4	5

表5-8　风险严重性分值

风险严重性	低	较低	中	较高	高
分值	0~2	2~4	4~6	6~8	8~10

注：风险严重性分值可以按照国家有关规定，划分为特大事故（死亡10人以上）、重大事故（死亡3人以上）、大事故等。

将分析系统的各类风险因素的可能性与严重性综合分析，则可以得到该系统的风险情况，从而可以对该单元进行风险等级评定（表5-9）。

表5-9　风险等级分值

风险等级	Ⅰ级	Ⅱ级	Ⅲ级	Ⅳ级
分值	1~10	11~20	21~30	31~50
描述	低度风险	中度风险	高度风险	严重风险
容忍程度	可以接受	可以容忍	难以容忍	绝对不能容忍

风险的等级标准可以根据风险因素数量和项目各方的风险管理能力以及企业的风险偏好来确定。当风险评分值小于10时，该风险是可以接受的，或者说是安全的；当评分值为

11~20时，就会有显著的危险性，需要采取一定的控制措施；当评分值为21~30时，则存在很高的危险性，必须采取降低风险的措施或者回避风险；当评分值大于30时，则存在严重的危险性，应立即停止作业，坚决放弃（表5-9）。

五、BP神经网络算法

自然界中的绝大部分问题，其输入与输出之间并不是简单的线性关系，而是极为复杂的非线性关系，利用传统的数理方法很难建立表达其关系的数学模型，而利用神经网络的自主学习可以建立多维非线性映射关系[94]。

（一）BP神经网络的介绍

随着神经网络应用的发展，越来越多的工程项目都有神经网络模型的应用，特别在工程领域有着良好的效果。

人脑是由大约1011个不同种类的神经元所组成的，神经元作为脑组织的基本单元，其主要功能是传输信息，典型的神经元结构如图5-10所示。神经元纤维包括树突和轴突，树突起到输入信息的作用，轴突起到输出信息的作用，树突与轴突通过突触连接，信息经细胞体处理，经树突与轴突传输给其他细胞体，通过大量细胞体的组合，从而使大脑具有判断、推理、预测等思维能力。

1943年，心理学家McCulloch和数学家Pitts开创性地给出了神经元的数学模型，后经一系列的发展，形成了人工神经网络（ANN）。ANN模仿人类神经网络的运算模式，其网络之间的连接函数是自然界中存在的函数算法的逼近，神经元的基本结构如图5-11所示。

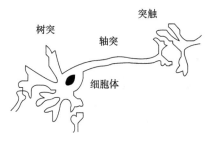

图5-10　神经元结构

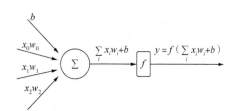

图5-11　神经元的基本结构

x—神经元的输入；w—输入数据的权值；

b—偏置项参数；f—激活函数；y—神经元的输出

ANN具有以下独特的性能：

（1）以并行方式处理信息，即每个神经元都能进行独立的运算，具有极大的信息处理能力。

（2）以分布方式存储信息，即信息分布于整个系统中，这种分布模式能够使其具备将新信息自动归纳的能力。

（3）ANN经过学习后，具有很强的自主学习的能力，可以根据新的输入信息自动预测其输出。

（4）具有很强的容错能力，即使在某个环节出现信息丢失，也不会对整体的处理能力造成影响。

目前，神经网络主要有以下几种类型[95]：

（1）前向网络和反馈网络。

（2）有导师指导学习网终和无导师指导学习网络。

（3）连续型和离散型网络，随机型和确定型网络。

（4）一阶线性关联网络和高阶非线性关联网络。

虽然目前关于神经网络方面的研究仍然处于发展阶段，仍有大量工作需进一步开展，但目前神经网络的相关研究成果已经表明其在处理复杂非线性问题方面具有极强的优势，相信经过进一步发展和完善，ANN 能够实现人工智能仿真和预测。

目前，在人工神经网络的实际应用中，绝大部分的神经网络模型采用了前馈反向传播神经网络（Back-Propagation Neural Network，BP 神经网络）和基于 BP 神经网络的其他变化网络，BP 神经网络是前向网络的核心部分，是由以 Rumelhart 和 Mcclalland 为首的科学家小组于 1988 年提出的，如图 5-12 所示。

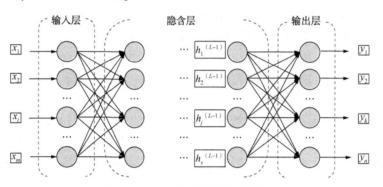

图 5-12　典型多层前馈神经网络

BP 神经网络是众多神经网络中的一种类型，它的学习过程由信号的正向传播与误差反向传播组成。输入样本从输入层正向依次传入隐含层和输出层。当输出层结果与期望值超出设定误差时，则误差进入反向传播，经过自动调整，各输入数据的权值最终达到整个系统收敛。

前向多层神经的反传学习理论 BP 不仅具有输入和输出单元，而且还有一层或多层隐单元。目前，在安全评价中应用较多的是具有多输入单元和单输出单元以及一个隐含层的三层 BP 神经网络，如图 5-13 所示。

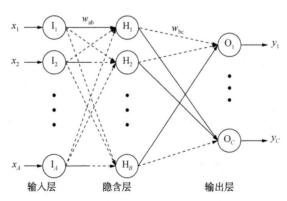

图 5-13　三层 BP 神经网络

x—输入数据；I—输入层；w_{ab}，w_{bc}—权值；H—隐藏层；

O—输出层，y—实际输出

如果预测输出与期望输出之间存在较大的误差，BP 神经网络方法会通过反向传播算法不断处理一个训练样本集，将网络训练输出结果与每个样本的期望输出之间的误差信号由输出层开始逐层向前传播，即反向传播。在反向传播过程中，网络权值由误差反馈不断进行调节，从而使网络的输出与期望值误差逐渐变小，当权重收敛时学习过程终止。因此，BP 神经网络方法具有误差小、收敛性好、动态性好、结果客观等优势。

此外，由于 BP 神经网络模型具有多个节点，一个节点被破坏后，可由其他节点代替，自动进行修正，因此具有极强的容错能力，能适应复杂的非线性体系。

（二）BP 神经网络的算法原理

一个具有 R 个输入的 BP 神经元模型如图 5-14 所示，网络输出可表示为：

$$a = f(wp + b)$$

式中　f——传递函数；

　　　w——权值；

　　　p——输入矢量；

　　　b——阈值。

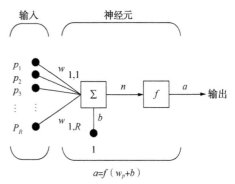

图 5-14　BP 神经元模型

权值 w 表示输入单元与神经元之间的连接强度，相当于权重。神经元阈值 b 是模拟生物神经元的动作电位设置的，起到调节神经元激活水平的作用。在神经网络学习过程中，阈值和权重根据网络反馈信息和设定的要求会不断进行修正。

传递函数 f 又称为激发函数，其作用是通过传递函数神经元对输入信号进行二次处理，得到神经元的输出。在 BP 神经元中，传递函数通常使用对数 S 型函数、正切 S 型函数和线性函数，它们的形状分别如图 5-15 所示。

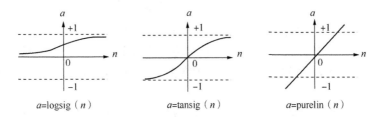

图 5-15　对数 S 型函数、正切 S 型函数和线性函数

BP 神经网络的学习过程可分为以下四个阶段：

（1）由输入层经隐含层向输出层正向传播。

（2）计算预测输出与实际输出误差，反向修正连接权重 w。

（3）不断重复正向传播和反向传播过程，调节权重 w 和阈值 b。

（4）当网络的误差趋向极小值时，网络收敛，运算结束。

BP 学习算法流程如图 5-16 所示。

（三）BP 神经网络在炼化工程项目风险评估中的应用可行性

炼化工程项目风险因素多，且各因素具有随机性，之间相互影响，构成了一个复杂的非线性风险系统。传统的层次分析、模糊数学等方法建立在线性模型的基础上，预先计算各评

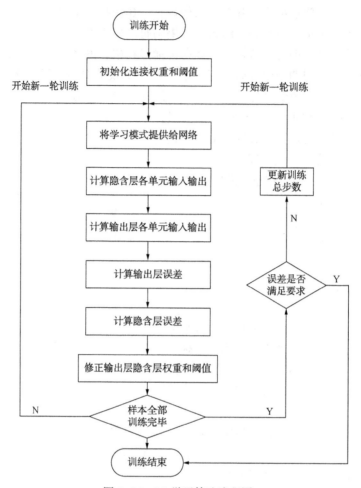

图 5-16　BP 学习算法流程图

价要素的权重，不能实际体现炼化工程项目各风险因素的随机性。

BP 神经网络模型是非线性模型，能有效解决传统建模中选择合适模型函数形式的困难，可以再现专家知识和经验，根据数据之间的内在关系自动确定其映射关系，减少评估时的主观性。

目前，BP 神经网络在某些风险评估领域已取得成功应用，例如，电子商务的科技领域风险评估、青藏公路铁路沿线生态风险评估、矿山工程项目开发投资风险评估、国际工程项目政治风险评估、油田经营风险评估等，为炼化工程项目风险评估奠定了良好的基础。

六、炼化工程项目风险 BP 神经网络预测

（一）数据收集与处理

本书选取 40 个炼化工程项目为研究对象，可通过电子邮件、现场访谈等形式收集专家的风险指标评分表。打分专家包括工艺、项目管理、安全工程、设备、仪表等专业。各风险因素均给出了发生的可能性及后果，其乘积为风险值，风险发生的可能性、后果以及风险等级划分规则见表 5-10 至表 5-12。项目总体风险也分为严重风险、高风险、中风险和低风险四个等级。将施工前阶段、施工阶段及试车阶段分别进行打分及 BP 神经网络评价。

表 5-10　风险概率分级

风险概率等级	风险概率判断依据(一年以内)	风险概率等级说明
1	不可能	现实中预期不会发生
2	极少	预期不会发生,但在特殊情况下有可能发生
3	有时	在某个特定装置的生命周期里不太可能发生,但有多个类似装置时,可能在其中的一个装置发生
4	很可能	在装置的生命周期内可能至少发生一次(预期中会发生)
5	频繁	在装置生命周期内经常发生

风险严重性共分为 5 个等级,具体见表 5-11。

表 5-11　风险严重性分值

风险严重性	低	较低	中	较高	高
分值	0~2	2~4	4~6	6~8	8~10

根据"风险概率×风险"导致损失的大小来确定风险等级,各风险因素等级共分为四级,具体见表 5-12。

表 5-12　风险等级分值

风险等级	Ⅰ级	Ⅱ级	Ⅲ级	Ⅳ级
分值	1~10	11~20	21~30	31~50
描述	低度风险	中度风险	高度风险	严重风险
容忍程度	可以接受	可以容忍	难以容忍	绝对不能容忍

为提高 BP 神经网络的收敛速率,提高训练效果,需要对样本输入数值进行归一化处理。

$$x_i = \frac{x - x_{min}}{x_{max} - x_{min}}$$

式中　x——样本中风险因素的原始风险值;

　　　x_{min}——样本数据的最小值;

　　　x_{max}——样本数据的最大值。

最大最小法是一种线性变化归一化方法,其优点是变化后不会造成信息大量丢失,缺点是当有新数据补充时,可能会造成 x_{min} 或 x_{max} 的变化,需要重新对数据进行归一化处理。所有数据均在 0 和 1 之间。

样本量化数据的分布如图 5-17 至图 5-19 所示,从图中可以看出,本书选取的炼化工程项目样本充分考虑了不同风险的分布情况,得到的样本具有一定代表性。

(二) 模型构建

对于大多数的神经网络模型,一个隐含层能够基本解决对目标函数的拟合问题。炼化工程项目的定量风险值是依据定性的风险水平转换而来的,因此一个隐含层足以实现预测精度,且一个隐含层可简化计算。因此,综合考虑计算精度和计算复杂度,本书采用三层结构 BP 神经网络预测炼化工程项目风险,即只有一个隐含层。

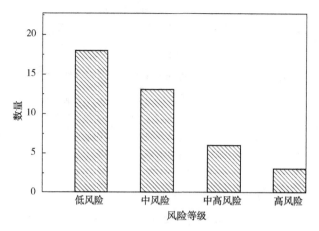

图 5-17　施工前阶段样本风险分布直方图

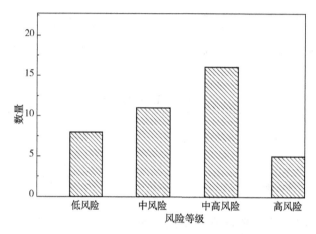

图 5-18　施工阶段样本风险分布直方图

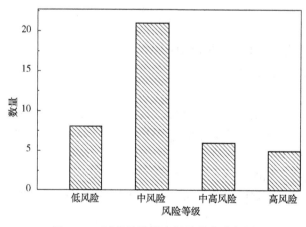

图 5-19　试车阶段样本风险分布直方图

3 层结构 BP 神经网络的输入层为各个阶段风险因素。项目整体风险值为输出层。

1. 学习速率设定

在构建模型初步结构后，需要设定 BP 神经网络的学习速率，即 BP 神经网络对目标函数进行拟合的速率。学习速率太小，权值和阈值的调整幅度越小，则需要过高的迭代次数才能达到收敛，影响运算和拟合过程。学习速率越大，权值和阈值的调整幅度也越大，会降低网络的稳定性，可能会出现超过局部最小值导致无法收敛的情况。

根据文献资料及经验，学习速率一般设置在 0.01~0.8 之间。可以先设定一个较小的学习速率(0.01)，当初始设定的学习速率不满足预期要求时，取 2 倍即 0.02 代替，循环试错直至找到最合适的学习速率。经试验，本书选取的最优学习速率为 0.05。

2. 隐含层神经元数

隐含层的神经元数也是网络设计的关键，由于神经网络的非线性特征和并行分布结构，造成神经元的选择非常复杂。如果隐含层神经元过少，网络能获取的用于解决问题的信息太少；如神经元过多，会增加学习时间，可能会导致容错性差，甚至出现过度吻合问题。隐含层神经元数的选取参考公式有三类，本书采用工程风险常用的公式确定神经元数：

$$l = \sqrt{m+n} + a$$

式中　　m——输入节点数；

　　　　n——输出节点数；

　　　　a——介于 1~10 之间的常数。

根据二分法设置不同值观察训练结果，并取误差最小的值作为最优的节点数。经试验，误差最小的最优隐含层神经元数为 9。

3. 激励函数

BP 神经网络的激励函数的作用是提供规模化的非线性化能力，使神经网络可以任意逼近任何非线性函数，模拟神经元被激发的状态变化，从而使输出与输入之间的线性关系近似非线性函数。

目前主要有三种常用的激励函数：

(1) Sigmoid 激励函数，用于隐含层神经元输出，取值范围为(0，1)，可以用来做二分类。

(2) Thah 激励函数，也称为双切正切函数，取值范围为[-1，1]。

(3) ReLU 激励函数，当输入信号小于 0 时，输出都是 0；当输入信号大于 0 时，输出等于输入。

工程风险通常采用 Sigmoid 可微函数和线性函数作为网络的激励函数。本书选择正切 S 型函数 Tansig 作为隐含层神经元的激励函数。对数 S 型函数 Logsig 作为输出层的激励函数。

4. 训练误差与次数

网络训练误差取 0.005，网络性能函数小于目标值时网络的训练将停止；网络最大训练次数取 15000 次。

(三) 训练及预测结果

用 40 个样本中的前 30 组作为训练样本，使用 MATLAB 软件中的神经网络工具箱中Train 函数来训练创建的 BP 神经网络，设置步长为 0.05，为了验证模型的准确性，选择剩余 10 组数据作为预测数据进行检验。

从图 5-20 至图 5-22 中可以看出，施工前阶段、施工阶段和试车阶段分别经过 10827次、5123 次和 14337 次迭代后，均达到预期误差目标 0.005。

表 5-13 至表 5-15 为风险的目标输出与模型输出结果对比，将模型仿真结果四舍五入得到评级输出结果，并与目标输出结果进行对比。从表 5-13 至表 5-15 中可以看出，施工前阶段、施工阶段和试车阶段模型预测的准确率分别达到了 80%、90% 和 90%，说明 BP 神

经网络的方法达到了较好的预测精度和预期目标。

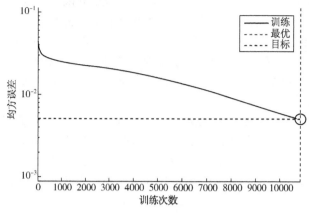

图 5-20　施工前阶段训练结果

（均方误差达到 0.005 时的最优训练次数为 10827 次）

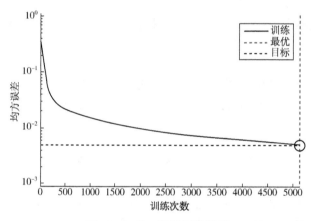

图 5-21　施工阶段训练结果

（均方误差达到 0.0049999 时的最优训练次数为 5123 次）

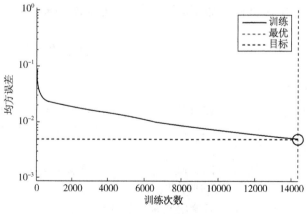

图 5-22　试车阶段训练结果

（均方误差达到 0.0049998 时的最优训练次数为 14337 次）

表 5-13 施工前阶段目标输出与模型输出结果对比

项目编号	目标输出	模型输出	评级输出	预测有效性
1	2	1.8826	2	有效
2	4	3.9727	4	有效
3	1	1.2145	1	有效
4	1	1.1125	1	有效
5	1	1.0720	1	有效
6	1	1.2337	1	有效
7	3	3.6061	4	无效
8	2	2.2954	2	有效
9	3	2.3104	2	无效
10	4	3.9616	4	有效

表 5-14 施工阶段目标输出与模型输出结果对比

项目编号	目标输出	模型输出	评级输出	预测有效性
1	2	1.8889	2	有效
2	3	3.2506	3	有效
3	2	1.8028	2	有效
4	3	2.3638	2	无效
5	4	3.9676	4	有效
6	3	2.9548	3	有效
7	3	2.8477	3	有效
8	3	2.8330	3	有效
9	2	2.4844	2	有效
10	4	3.7618	4	有效

表 5-15 试车阶段目标输出与模型输出结果对比

项目编号	目标输出	模型输出	评级输出	预测有效性
1	2	1.6165	2	有效
2	4	3.9463	4	有效
3	1	1.3780	1	有效
4	2	2.0734	2	有效
5	2	1.9924	2	有效
6	2	1.9816	2	有效
7	3	3.8479	4	无效
8	2	2.2522	2	有效
9	2	2.0848	2	有效
10	4	3.9874	4	有效

第四节　重大风险损失定量模拟评估

根据炼化工程项目的特点，在工程保险中，试车阶段是风险最为集中的阶段。在此阶段，设计缺陷、制造质量问题、管理不善等问题会充分暴露，易产生由于高温高压、易燃易爆介质泄漏而导致的火灾爆炸等事故。

定量评估试车阶段可能的最大损失，预测财产以及人员伤亡情况，一方面可以为炼化工程项目可能遇到的事故预防、安全管理提供依据；另一方面也可以为设计保险方案、设置保费提供参考。

重大风险评估的研究侧重于损失大小和损失频率的估算，而要做到这一点需要首先分析风险事件的诱因及可能造成的损失类型。通过查阅资料发现，国内外对风险的定性、定量评价的研究方法基本相似，我国在安全评价工作中也经常采用。比如检查表法、危险度法、指数法、预先危害分析、故障树、事件树、概率危险性分析、故障类型和影响模式分析、风险矩阵分析、作业条件危险性分析等方法。

另外，对于地震、洪水、泥石流等自然灾害所带来的风险，国内外的气象、地质专家也取得了很多的成果，对于大多数自然灾害风险均有相应的理论模型，特别是气象灾害的评价模型已经比较科学，能够很好地指导实际工作。在地质灾害方面，中国地震局建立了依据国内地震易损性数据构造的损失评价模型，可以对实际工作进行指导。

故障类型和影响模式分析（FMEA）是在国内外广泛应用的一种定性、定量相结合的方式，不仅可以通过定性或定量分析得出风险的大小，还能够帮助查找风险因素，并合理地组织相关风险数据建立可供查询的风险数据库，从而为风险决策提供强有力的支持，特别是对维修策略和管理策略的制定有指导意义。国外的研究比较多，并已开发出相应的辅助软件产品，如 RBI、RCM 等，均是基于 FMEA 的理论模型，目前应用领域已涵盖了航空、武器系统、核设施、铁路、石油化工、生产制造，甚至大众房产等各行各业。由于中国的风险管理水平比较滞后，在国内仅电子、航空航天、武器系统等行业应用较多，石化行业还没有广泛采用。

对于石化行业事故后果的定量模拟，20 世纪 70 年代以来，各国在实验的基础上提出了大量的模型，例如，液体、气体的泄漏及可能引起的事故后果模型，火灾模型，爆炸模型及毒气扩散模型等。这些定量评价模型经过长期的发展已经比较成熟。自然灾害的后果模拟计算模型也比较多，在实际应用时可以作为参考。

炼化企业的最大损失一般为介质泄漏引起的火灾、爆炸事故，不同相态介质在不同泄漏条件下引发的事故类型不同，气体以及液体泄漏事故树如图 5-23 和图 5-24 所示，其中又以蒸气云爆炸及池火灾事故更为严重。因此，本节将估算试车阶段发生蒸气云爆炸、池火灾后的最大损失以及地震损失。

一、蒸气云爆炸定量评价

蒸气云爆炸是指气体或液体泄漏后挥发产生的气体经过长时间扩散，与空气充分混合并形成了足够大的云团，遇到火源后发生了剧烈爆炸，对周边设备设施、人员、建筑物等产生冲击波破坏的现象。蒸气云爆炸是炼化企业较为常见且后果较为严重的事故类型。

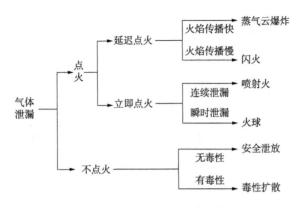

图 5-23　气体泄漏事故树

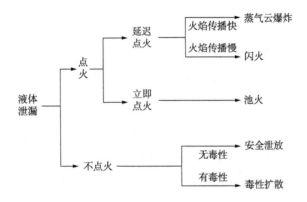

图 5-24　液体泄漏事故树

目前，蒸气云爆炸模型较为完善，主要分 TNT 当量法和 TNO 复合能量法。保险行业使用 TNT 当量法较多，即将蒸气云爆炸产生的能量换算成 TNT 的量，计算公式为：

$$M_{\mathrm{TNT}} = \frac{a M_{\mathrm{f}} H_{\mathrm{f}}}{H_{\mathrm{TNT}}}$$

式中　M_{TNT}——TNT 当量质量，kg；

M_{f}——云团可燃物质量，kg；

H_{f}——燃烧热，kJ/kg；

H_{TNT}——TNT 的爆炸热，一般取 4500kJ/kg；

a——量系数（0~1）。

为了计算 M_{TNT}，首先需要计算云团可燃物的质量，即泄漏质量。泄漏质量为泄漏速率与泄漏时间的乘积，泄漏速率需要分为气相和液相单独计算。

根据 GB/T 26610.5—2014《承压设备系统基于风险的检验实施导则　第 5 部分：失效后果定量分析方法》，液相理论泄漏速率如下：

$$W_{\mathrm{n}} = C_{\mathrm{d}} \rho_1 \frac{An}{31623} \sqrt{\frac{2000 g_{\mathrm{c}} (p_{\mathrm{s}} - p_{\mathrm{atm}})}{\rho_1}}$$

式中　C_{d}——泄漏系数，湍流介质通过边缘尖锐孔的泄漏系数为 [0.60，0.65]，推荐保守的取值为 0.61；

A_n——泄漏孔面积，m^2；

ρ_1——操作工况下液相密度，kg/m^3；

g_c——力学常数，$1.0kg \cdot m/(N \cdot s^2)$；

p_s——操作压力，MPa；

p_{atm}——大气压力，MPa。

泄漏介质为气相时，首先计算气相流速由声速向亚声速的转换压力：

$$p_{trans} = p_{atm}\left(\frac{k+1}{2}\right)^{\frac{k}{k-1}}$$

式中　k——理想气体比热容比，无量纲。

如果设备的操作压力大于转换压力，则气体以声速泄漏，对于每种泄漏孔，按下式计算泄漏速率：

$$W_n = C_d A_N p_s \sqrt{\frac{1}{1000}\left[\frac{kMg_c}{R(T_s+273)}\right]\left(\frac{2}{k+1}\right)^{\frac{k+1}{k-1}}}$$

如果设备的操作压力小于或等于转换压力，则气体以亚声速泄漏，对于每种泄漏孔，按下式计算泄漏速率：

$$W_n = C_d A_N p_s \sqrt{\frac{1}{1000}\left[\frac{Mg_c}{R(T_s+273)}\right]\left(\frac{2k}{k-1}\right)\left(\frac{p_{atm}}{p_s}\right)^{\frac{k}{2}}\left(1-\frac{p_{atm}}{p_s}\right)^{\frac{k-1}{k}}}$$

式中　C_d——泄漏系数，湍流介质通过边缘尖锐孔的泄漏系数为[0.85，1.00]，通常选取 0.9；

M——摩尔质量，g/mol；

R——气体常数，$8.314J/(mol \cdot K)$；

T_s——操作温度，℃。

假设加氢装置的高温氢气管道由于焊接缺陷，在试车时产生了直径为 20mm 的圆形泄漏孔，操作压力 p_s 为 10MPa，操作温度 T_s 为 23℃，M 为 2g/mol，比热容比 k 为 1.4，根据上式计算的氢气理论泄漏速率为 1.74kg/s。

如果泄漏过程持续 3min 后形成的氢气云团遇到火源产生爆炸，则总的氢气泄漏量为 313.2kg，取氢气燃烧热 120000.00kJ/kg，计算得到的 TNT 当量质量为 334.08kg，损失计算半径公式为：

$$R_{80} = 4.6 \times 3\sqrt{M_{TNT}}$$
$$R_{40} = 3.2 \times 3\sqrt{M_{TNT}}$$
$$R_5 = 13.0 \times 3\sqrt{M_{TNT}}$$

损失半径评定标准如下：在超压 0.355bar❶ 时认定平均损失率为 80%，在超压 0.142bar 时认定平均损失率为 40%，在超压 0.07bar 时认定平均损失率为 5%。经计算，蒸气云爆炸损失模拟结果见表 5-16。

❶1bar = 10^5Pa。

表 5-16 蒸气云爆炸损失模拟计算结果

项目	损失半径(m)
80%损失半径	32
40%损失半径	57
5%损失半径	90

根据表 5-16 中的计算结果，发生直径 20mm 圆形泄漏孔氢气泄漏后，3min 内泄漏的氢气爆炸后能使 32m 半径范围内的财产损失 80%，57m 半径范围内财产损失 40%，90m 半径范围内财产损失 5%。具体损失情况要依据泄漏位置周边财产分布情况判定。

二、池火灾定量评价

炼化装置通常配套有储罐区，储存大量油品或化工原料。罐内可燃液体泄漏后流动到罐区围堰内会形成液池，一旦遇到火源燃烧，则会产生池火。池火灾的主要危害为热辐射，可能会对设备、建筑物和人员造成损伤，不同入射通量对设备和人员的伤害级别见表 5-17。

表 5-17 不同入射通量对设备和人员的伤害级别

级别	入射通量(kW/m²)	对设备的损害	对人的伤害
I	1.6	—	长期辐射，无不舒服感
II	4	—	20s 以上感觉疼痛，未必起泡
III	12.5	有火焰时，木材燃烧，塑料熔化的最低能量	10s，1 度烧伤；1min，1%死亡
IV	25	在无火焰、长时间辐射下，木材燃烧的最小能量	10s，重大烧伤；1min，100%死亡
V	37.5	操作设备全部损坏	10s，1%死亡；1min，100%死亡

假设装置中 1 个 10000m³ 汽油储罐在试车时发生泄漏，泄漏后在围堰内形成液池，遇电火花或明火形成池火灾。假设罐区围堤为 65m×65m 的正方形，则池火液池等效直径为 65m。

液池燃烧速率可通过下式计算：

$$\frac{d_m}{d_t} = \frac{0.001 H_o}{C_p(T_b - T_0) + H}$$

式中 d_m/d_t——单位表面积燃烧速度，mm/min；

H_c——液体燃烧热，J/kg；

C_p——液体的比定压热容，J/(kg·K)；

T_b——液体的沸点，K；

T_0——环境温度，K；

H 为液体的汽化热，J/kg。

对于原油，燃烧热取 41.8×10^6 J/kg，比定压热容取 2000J/(kg·K)，沸点为 680.15K，环境温度为 20℃，即 293.15K，汽化热为 350000J/kg。

池火火焰高度可通过下式计算：

$$h = 84r \left(\frac{d_m/d_t}{\rho_0 \sqrt{2gr}} \right)^{0.61}$$

式中　　h——火焰高度，m；

　　　　r——液池半径，m；

　　　　ρ_0——周围空气密度，kg/m^3；

　　　　g——重力加速度。

液池半径为 65m，空气密度取 1.293kg/m^3，重力加速度为 9.8m/s^2

池火灾总热辐射通量计算公式为：

$$Q=\frac{(\pi r^2+2\pi rh)\,\eta H_{\mathrm{c}}\times\dfrac{d_{\mathrm{m}}}{d_{\mathrm{t}}}}{72\left(\dfrac{d_{\mathrm{m}}}{d_{\mathrm{t}}}\right)^{0.61}+1}$$

式中　　Q——总热辐射量，W；

　　　　η——效率因子，一般取 0.24。

根据上式计算得到的总辐射量为 $5.5973\times10^8\text{W}$。

假设全部辐射热量由围堰中心向外辐射，则在距离池中心 x 处的热辐射强度计算公式为：

$$I=\frac{QT_{\mathrm{c}}}{4\pi x^2}$$

式中　　I——热辐射强度，W/m^2；

　　　　Q——总热辐射通量，W；

　　　　T_{c}——热传导系数，可取 1；

　　　　x——目标位置到液池中心的距离，m。

根据不同入射通量对设备和人员的伤害级别分级标准，得到了 5 类损失区域的半径，具体结果见图 5-25 及表 5-28。

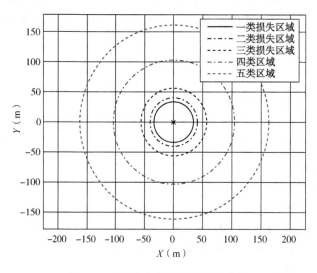

图 5-25　池火灾点源模型损失半径

表 5-18　池火灾损失模拟计算结果

序号	热辐射强度（kW/m²）	距罐体中心距离（m）
1	37.5	33.57
2	25	41.11
3	12.5	58.14
4	4.0	102.77
5	1.6	162.50

根据计算结果可知，距事故油罐中心半径 33.57m 范围内操作设备全部损坏；41.11～162.5m 范围，部分设备损坏；超过 162.5m，无设备损坏。具体损失情况根据罐区内储存介质、储罐价值及储罐布置判定。

三、地震损失模型

中国是世界上地震灾害最严重的国家之一，据统计，中国平均每年发生 6 级以上的地震约 6 次。20 世纪，全球死亡人数在 1 万人以上的 21 起地震中，发生在中国境内的就有 5 次，死亡 53.5 万人，占总死亡人数的 51%。2008 年 5 月 12 日的汶川大地震，更是牵动了无数国人的心。由于地震发生的突然性和无法抗拒的破坏力，地震灾害造成的后果和给人类在心理上造成的恐惧感远大于其他自然灾害。中国地震的工作方针是以预防为主，虽然目前还无法准确地预知地震发生的时间和地点，但通过中国地震工作者多年来大量的统计和分析，建立了震害易损性矩阵，通过对各种资产的合理分类，已经可以对被评价单元的地震损失进行估计和预测。

地震损失分析分为地震发生前和地震发生后两种情况。地震发生前的地震损失分析是对未来地震可能造成的灾害损失的一种预测；地震发生后的地震损失分析是评价已经发生的地震造成的灾害损失。前者是根据地震危险性分析结果和本地区的工程结构的易损性，预测本地区未来可能发生的地震造成的灾害损失；后者是根据已经发生的地震的现实估计这次地震的损失。地震损失可以用以下式表示[100]：

地震损失 = 地震危险性 × 工程结构易损性 × 社会财富

地震危险性是指该地区在今后一定时期内发生某一强度地震的可能性或概率，它与本地区的地震活动和地质构造有关；工程结构易损性是指在确定强度的地震作用下结构发生某一破坏状态的概率，它与工程结构的抗震能力和设防标准有关；社会财富是指社会的固定资产、评价对象的价值、企业的生产能力、产品和本地区的人口密度等。

建筑、设施的抗震能力与它们的结构形式和使用的材料有关。在研究它们的易损性时必须按房屋结构和所用建筑材料分类进行研究。为了对房屋建筑的易损性等级有一个定量的描述，使用地震易损性指数表示它们抗震能力的好坏。其计算公式为：

$$\text{VID} = \frac{1}{5} \sum_{I=6}^{10} \sum_{j=1}^{5} P[D_j \mid I] r_j$$

式中　$P[D_j \mid I]$ ——建筑、结构的震害矩阵；

　　　I ——地震烈度；

　　　D_j ——建筑、结构破坏等级；

r_j——建筑、结构发生 j 级破坏时的损失比。

从上式可以看出，建筑、结构的地震易损性指数是指发生Ⅵ~Ⅹ度地震损失率的平均值；地震易损性指数越大的房屋类型，抗震能力越差；反之，抗震能力越好。

根据统计，可将各类建筑、结构的易损性分为 A、B、C、D 四级，大部分建筑、结构的易损性分级可以通过查表得到。每一级对应的易损性指数见表 5-19。

表 5-19　建筑、结构地震易损性指数

易损性等级	易损性指数
A	VID<0.2
B	0.2≤VID<0.3
C	0.3≤VID<0.4
D	VID≥0.4

根据统计数据以及地震的烈度，通过计算结构的初始抗力可以得到建筑、结构的震害矩阵。考虑到全国各地区的气候差异和各地设防标准的不同，在分析时做了如下假定：结构易损性分级中的 B 级结构，主要是砖墙承重，由于气候的影响，不同地区砖结构的外墙厚度不同，对结构的抗力有一定影响。分析时对 B 类结构在全国分三类地区给出不同的震害矩阵。Ⅰ类地区是较寒冷的地区，如黑龙江、新疆等地，外墙一般为 49cm 厚；Ⅱ类地区，如华北一带，外墙一般为 37cm 厚；Ⅲ类地区，如华南一带，外墙一般为 24cm 厚。如从经纬度上划分，Ⅰ类地区在北纬 43°以北；Ⅱ类地区在北纬 35°~43°之间；Ⅲ类地区在北纬 35°以南。易损性 A 级结构，主要是钢筋混凝土结构和钢结构，它们不受温度的影响，其震害矩阵不分区。C 级和 D 级结构绝大部分是未经过正规设计的农村房屋，其震害矩阵不受时间的影响，主要根据震害经验确定，无法分析计算，全国采取统一的矩阵。

中国抗震设计规范规定，地震区的建筑、结构必须按抗震规范的规定设防，因此基本烈度不同的地区设防标准不同，其震害矩阵也不同。受这种影响的建筑、结构只有 A 级和 B 级建筑；C 级和 D 级建筑不设防，所以不受地区基本烈度的影响。国内各地区的震害矩阵已经统计、计算完毕，可通过查表得到。

地震的直接经济损失是指地震后的修复、重建、室内财产和救灾所投入的资金。一个地区在未来一个时期内（例如 50 年），遭遇本地区可能发生的各种强度的地震造成的直接损失乘以它们发生的概率之和为期望损失，如下式：

$$\overline{DL} = \sum_s \sum_j (W_s r_{js} + G_s \varepsilon_{js}) \int \left[\int f_s(R) q_s(D_j \mid I, R) dR \right] f(I) dI$$

式中　W_s——第 s 类结构的总价值（单价×总数）；

　　　G_s——第 s 类结构的总财产；

　　　r_{js}——第 s 类结构发生 j 级破坏状态时的损失比；

　　　ε_{js}——第 s 类结构发生 j 级破坏状态时室内财产的损失比；

　　　$q_s(D_j \mid I, R)$——第 s 类结构在发生地震强度为 I 时 j 级破坏状态的抗力或屈服加速度极限值的概率分布函数；

　　　R——结构的抗力或屈服加速度；

　　　$f(I)$——地震强度（加速度或烈度）概率密度函数。

上述计算公式在实际应用过程中工作量较大，且地区的地震强度(加速度或烈度)概率密度函数不容易得到。由于计算量较大，一般利用计算机编程对数据进行处理。可以计算出地震造成直接损失的范围，包括最大值和最小值。

对建(构)筑物进行地震直接损失评价，需要以下数据支持，见表5-20。

表5-20 地震直接损失评价数据需求

序号	数据需求	数据来源	备注
1	项目所在地区基本烈度	中国长期地震烈度区划	
2	项目所在地区的地区类别	按经纬度确认	只与B类结构相关，可具体分析得到
3	各类建(构)筑物的易损性结构类别	各类建(构)筑物类型明细	分析各类建(构)筑物的类型
4	各类建(构)筑物的资产价值	各类建(构)筑物资产明细	对各类建(构)筑物进行资产统计
5	本地区历史地震烈度统计	当地地震局	用来进行期望值计算

第五节 炼化工程项目风险应对

一、风险管理策略研究

为了确保风险管理的有效性，企业应建立并完善其风险管理体系。让企业用最适当的风险管理成本获得最全面的风险保障，可以利用商业保险转移企业生产风险这一特性，将风险融资运用到风险管理中。企业在应对风险时，有风险规避、风险控制、风险自留和风险转移四种策略可供选择，其中的风险转移包括合同转移和保险转移两种风险策略。

从成本效益上看，增加风险管理成本，则企业运营成本增加，而此时期望风险损失在减少，企业的综合成本先降后升，如图5-26所示，图中阴影部分为企业可接受的风险管理成本范围。

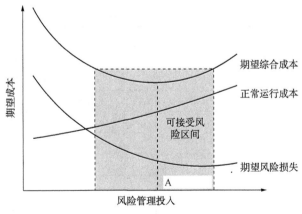

图5-26 风险管理成本效益

A—最佳风险管理投入

企业可采取的风险管理策略如下。

（一）风险规避策略

风险规避是指项目风险发生的概率很高、损失很大，且无其他有效的对策，此时应放弃项目、放弃原有计划或改变目标。例如，通过改变项目地理位置、工艺流程、原辅材料等途径来回避风险。

风险规避是决策者考虑影响预定目标达成的诸多风险因素，结合自身的风险偏好性和风险承受能力，从而做出的中止、放弃、调整或改变某种决策方案的处理方式。

采用风险规避策略的情况一般有如下几种：

（1）投资者无法承担此类风险，或承担风险得不到足够补偿。

（2）存在实现同样目标且风险更低的替代方案。

（3）投资者无法消除或转移风险。

（二）风险控制削减策略

风险控制削减是指在风险事故发生前，以任何可行的方式降低某种已知的风险损失事故的可能性或损失幅度。

（三）风险自留策略

风险自留是指企业主动承担风险，通过采取内部控制措施等来化解风险或对这些保留下来的项目风险不采取任何措施。

（四）风险转移策略

风险转移是指通过合同或非合同的方式将风险转嫁给另一方，一般可分为非保险转移和保险转移两大类。

二、风险管理可选策略分析

炼化工程项目是典型的风险密集型项目，为防止建设过程中因自然灾害、意外事故等严重影响项目进度或支出，业主通常会通过购买保险的方式对风险进行转移，以保证项目的顺利实施，每种风险因素的管理策略见表5-21至表5-23。

表5-21　施工前阶段风险管理策略

序号	风险因素	规避	控制削减	自留	转移	建议的风险管理决策	是否可保
1	水文地质勘查不准确		√	√		控制削减	
2	已有水文地质资料不准确		√	√		控制削减	
3	工艺包不成熟	√	√	√	√	资金充裕的情况下考虑转移	√
4	设计不合理或缺陷		√	√	√	资金充裕的情况下考虑转移	√
5	政府政策变化			√		可以选择自留	
6	经济制裁			√		可以选择自留	
7	社会动荡			√		可以选择自留	
8	资金来源		√	√		可以选择自留	
9	价格波动			√		可以选择自留	
10	通货膨胀			√		可以选择自留	
11	利率波动			√		可以选择自留	
12	民众骚乱		√	√	√	资金充裕的情况下考虑转移	√

续表

序号	风险因素	规避	控制削减	自留	转移	建议的风险管理决策	是否可保
13	征地、搬迁风险		√	√	√	资金充裕的情况下考虑转移	√
14	人员流动风险		√	√	√	可以选择自留	
15	各专业协调沟通不足		√	√		控制削减	
16	招标管理程序不完善		√	√	√	控制削减	
17	投标人审查不严格		√	√		控制削减	
18	职务腐败		√	√		控制削减	
19	陪标、串标		√	√		控制削减	

注：√为可选的风险管理策略。

表 5-22 施工阶段风险管理策略

序号	风险因素	规避	控制削减	自留	转移	风险管理决策	是否可保
1	意外伤害		√	√	√	资金充裕的情况下考虑转移	√
2	违规操作		√	√	√	资金充裕的情况下考虑转移	√
3	疏忽/过失/误操作		√	√	√	资金充裕的情况下考虑转移	√
4	雇员不诚实		√	√	√	资金充裕的情况下考虑转移	√
5	盗窃破坏		√	√	√	资金充裕的情况下考虑转移	√
6	施工方案不合理		√	√	√	资金充裕的情况下考虑转移	√
7	施工机具缺陷		√	√	√	资金充裕的情况下考虑转移	√
8	监理风险		√	√	√	资金充裕的情况下考虑转移	√
9	第三方检测技术风险		√	√	√	资金充裕的情况下考虑转移	√
10	设备制造/安装缺陷		√	√	√	资金充裕的情况下考虑转移	√
11	原材料质量缺陷		√	√	√	资金充裕的情况下考虑转移	√
12	仓库环境风险		√	√	√	资金充裕的情况下考虑转移	√
13	设备材料维护不当		√	√	√	资金充裕的情况下考虑转移	√
14	货物损坏		√	√	√	资金充裕的情况下考虑转移	√
15	货物丢失		√	√	√	资金充裕的情况下考虑转移	√
16	运输延误		√	√	√	资金充裕的情况下考虑转移	√
17	自然灾害		√		√	资金充裕的情况下考虑转移	√
18	恶劣天气		√	√		可以选择自留	
19	第三方破坏		√	√	√	资金充裕的情况下考虑转移	√
20	第三者责任风险	√	√	√	√	资金充裕的情况下考虑转移	√
21	罢工		√	√	√	资金充裕的情况下考虑转移	√
22	政府政策变化			√		可以选择自留	
23	恐怖主义			√		可以选择自留	
24	施工监护不当		√	√	√	资金充裕的情况下考虑转移	√
25	人员防护不当		√	√	√	资金充裕的情况下考虑转移	√
26	应急预案及演练不到位		√	√	√	资金充裕的情况下考虑转移	√

序号	风险因素	规避	控制削减	自留	转移	风险管理决策	是否可保
27	总包/分包管理风险		√	√		控制削减	
28	合同管理风险		√	√		控制削减	
29	作业管理风险		√	√		控制削减	
30	原材料价格波动			√		可以选择自留	
31	供应商管理风险		√	√		控制削减	

表5-23　试车阶段风险管理策略

序号	风险因素	规避	控制削减	自留	转移	风险管理决策	是否可保
1	意外伤害		√	√	√	资金充裕的情况下考虑转移	√
2	违规操作		√	√	√	资金充裕的情况下考虑转移	√
3	疏忽/过失/误操作		√	√	√	资金充裕的情况下考虑转移	√
4	水电气等辅助系统不到位		√	√		控制削减	
5	安全联锁系统不到位		√	√		控制削减	
6	运行不稳定		√	√		控制削减	
7	试运行考核指标不达标		√	√		控制削减	
8	性能不达标		√	√		控制削减	
9	设备损坏		√	√	√	资金充裕的情况下考虑转移	√
10	火灾爆炸		√	√	√	资金充裕的情况下考虑转移	√
11	毒性		√	√	√	资金充裕的情况下考虑转移	√
12	低温/高温伤害		√	√	√	资金充裕的情况下考虑转移	√
13	自然灾害		√	√	√	资金充裕的情况下考虑转移	√
14	环境污染		√	√	√	资金充裕的情况下考虑转移	√
15	应急预案及物资不足		√	√		控制削减	
16	人员防护不当		√	√	√	资金充裕的情况下考虑转移	√
17	试车方案审查不严		√	√		控制削减	
18	试车组织机构不健全		√	√		控制削减	
19	人员未进行上岗培训		√	√		控制削减	

　　风险管理是一个系统工程，风险对策的选择直接影响到风险管理的成败，企业的风险管理决策不仅与企业的风险容忍度相关，亦与管理者的风险偏好相关，某一风险的应对策略可能不止有一个选择，近年来越来越多的炼化工程项目在开工之前采购相应的商业保险，利用商业保险的风险转移机制来规避自然灾害以及意外事故带来的损失，取得了较好的效果。在实际管理过程中确定企业的风险容忍度，科学地实施各种风险管理对策是一个值得研究的方向。

三、炼化工程项目保险研究

　　风险是保险能够产生、存在和发展的客观原因与条件。但不是所有风险都可依赖于保险转移，保险也不是唯一的应对措施。保险仅仅是处理风险的一种财务手段，它针对的是可保风险，并对此类风险的事前预防、事中控制及事后补偿提出具体方案。

目前，石化企业主要通过商业保险公司、行业自保公司、企业自保公司等进行风险转移，中国石油、中国石化成立了相关的保险经纪和保险公司[81,82]。但是中国的石化行业的保险集中管理目前还处于初步研究阶段，中国石油自 2006 年实行保险集中管理试点以来取得了一定的成绩，对下属石油企业达到了扩大保障范围、降低总体保费的目的。

保险人希望通过风险管理，达到风险信息的高度对称，为保险决策及保险方案编制提供有力的依据，然而，在实务操作过程中，仍存在风险管理理念薄弱、基础知识缺失、风险管理工具不能灵活应用的问题，尤其是在再保险承保、防灾防损、理赔等多个环节中如何开展风险管理为保险提供更好的服务的问题较为突出。由于保险行业风险管理的不足，表现出企业对保险服务的不满，保险方案和风险覆盖不对应等问题亟待解决。

四、工程阶段可选险种

炼化工程建设过程中，业主首先会通过与相关方签订一系列合同来转移部分建设施工过程中的风险，同时业主还会购买商业保险来转移部分风险。在风险识别评价的基础上，对风险发生的概率及损失程度进行分析，从而判断可投保范围，再结合可供选择的险种来确定相应的保险策略。

将识别风险的损失概率及损失程度绘制在风险矩阵图中，结合业主对于风险的容忍程度，可以确定投保范围。图 5-27 为典型的风险矩阵图，根据各风险因素在风险矩阵图中的位置以及风险控制线的位置，可以得到各风险因素的可选管理策略[96]。风险管理是一个复杂的系统工程，某一风险可能有多种应对策略，利用商业保险的风险转移机制来规避自然灾害以及意外事故带来的损失是一种被越来越被认可的风险转移方式。

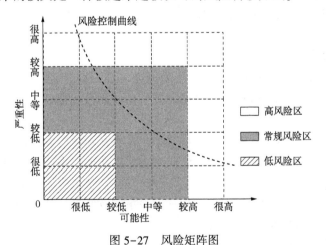

图 5-27　风险矩阵图

五、可保风险保险转移策略

风险转移根据转移方式的不同，可以分为保险方式转移和非保险方式转移，通过保险转移可将风险转移到保险公司。每一类风险对应的风险策略并不是唯一的，实际风险管理中应综合考虑多方面的因素，而风险管理的手段也是相互交叉的，对常规风险一般选择控制削减的管理策略，但工程保险也可能涵盖此类风险。需要关注的是，项目业主不愿意独自承担的重大风险因素应通过合同或保险的方式转移给第三方。

通过投保建筑安装工程一切险及第三者责任保险，可将石油炼化工程风险分析所确定的重大风险因素转移给保险公司。另外，对建筑安装工程一切险不能涵盖的其他可保风险还可通过雇主责任险、团体意外险等险种进行转移。

六、工程阶段可保风险分析

（一）人员风险

炼化工程项目涉及众多相关方，包括业主管理人员、工程设计人员、监理人员、施工人员及承包商管理人员等。工程设计人员存在的主要风险是自身设计错误、设计缺陷，根据炼化项目投保操作实践经验，一般设计不合理或缺陷为可保风险，在建筑安装工程一切险主条款下可以增加设计师风险扩展条款，具体需要根据项目实际情况确定。

施工人员由于长期暴露在施工的危险环境中，遭受人身伤亡的概率较大，同时施工人员的责任心、技术水平都会直接影响到工程质量的好坏。施工人员的作业风险可投保建筑安装工程一切险，机械伤害、车辆伤害等可投保雇主责任险。另外，还可投保团体意外伤害险，保障由于意外事故导致的人员伤亡。

工程施工对第三方造成的损失需要在投保建筑安装工程保险的基础上通过附加第三者责任来进行保障，保障由于工程的施工原因造成的第三方人员伤亡或财产损失。

（二）施工机具、设备风险

施工机具、设备的运输风险、盗窃风险、操作不当、维护保养不周等风险会造成机具、设备自身损坏、被盗、磨损以及操作人员人身伤害，上述风险一般为可保风险，可投保建筑安装工程一切险及施工机具险。工程相关财产损失可以通过投保建筑安装工程一切险进行转移。建筑安装工程保险保障在保险期限内，由于自然灾害或意外事故所造成的物质损坏或灭失。

（三）原材料风险

炼化工程施工过程中用到的原材料一般为原油、成品油及天然气等，属于易燃易爆物料。原材料被盗及造成的火灾爆炸一般属于可保风险，可投保建筑安装工程一切险。

（四）环境风险

环境风险包括自然环境风险、政治环境风险、社会环境风险及经济环境风险。一般自然灾害风险为可保风险，包括地震、暴雨、台风、洪水、雷电、海啸等。政治环境、社会环境主要指政府政策变化、经济制裁、恐怖主义、社会动荡、罢工等，一般为不可保风险，也可将罢工、暴乱及民众骚动作为建筑安装工程一切险主条款扩展责任。经济环境主要包括通货膨胀、利率波动等，一般为不可保风险。

（五）试车期及保证期

炼化工程投入使用前，需要进行试运转，这期间由于易燃易爆物料的加入使得其风险大大增加，一旦发生火灾爆炸等事故将造成巨大的损失。试车期间会暴露设备、仪表等在安装期间存在的缺陷问题。保证期是指试车成功72小时后，工程转入保证期直至整个工程验收合格交付业主使用，一般为12个月。建筑安装工程一切险一般涵盖试车期和保证期。

第六章　炼化工程项目保险

第一节　险种分析

根据第五章可保风险分析可以总结得出，在炼化工程建设过程中主要面临财产、人员和责任风险，为了转移风险，投保人一般投保的险种见表6-1。

表6-1　炼化工程项目可保风险汇总

序号	风险	险种	投保人	保障内容
1	财产风险	建筑安装工程一切险	业主	工程主体因意外事故及自然灾害造成的损失
2		承包商施工机具险	承包商	施工过程中承包商的施工用机械设备财产因意外事故及自然灾害造成的损失
3		货物运输险	业主、承包商	工程使用的材料和设备运输过程中因意外事故及自然灾害造成的损失
4	责任风险	第三者责任险	业主	项目施工给独立于业主和承包商的第三方的人身及财产造成的伤害及损失
5		雇主责任险	业主、承包商	业主和承包商员工在项目实施过程中遭受人身伤害
6		团体人身意外伤害险	承包商	承包商员工在项目实施过程中遭受人身伤害

一、建筑安装工程一切险及第三者责任险(业主)

大型炼化工程项目既有建筑工程，也有安装工程，风险较大，所以选择建筑安装工程一切险时较多，在国际上建筑工程一切险与安装工程一切险主险条款有很多相似的地方。建筑安装工程一切险是针对工程项目在建设过程中可能出现的自然灾害和意外事故而造成的物质损失以及依法对第三者的人身伤亡和财产损失而承担的经济赔偿责任提供的一种综合性保险。

第三者责任是指在施工过程中，因自然灾害或意外事故造成他方的财产损失或人身伤亡时，业主或承包商依法应承担的赔偿责任。施工阶段风险主要集中在厂外工程：输油管线敷设、爆破作业、铁路铺设、储罐安装等。

项目的建设规模巨大，施工场地中多个单位交织在一起同时施工赶进度，存在着对第三者造成人身伤害或财产损失的风险。施工现场可能会进行大规模的露天爆破，爆破作业具有拒爆、早爆、飞石、地震波等风险，可能使爆破作业造成周围居民伤亡，也可能使施工用电造成事故等。另外，繁忙的运输任务，可能造成施工区域、运输区域内交通事故的发生，这也将对第三者造成人身伤害。

项目施工期间，由于不可抗力或设计考虑不当，可能造成居民房屋、农田被淹没、被损坏，或者造成较严重的环境污染，都可能引起第三者索赔。例如，施工单位的施工弃渣处置不当，堵塞农田灌溉系统，房屋、树木、农作物被淹等。

机器设备在安装完毕后，投入生产使用前，为了保证正式运行的可靠性、准确性及工作指标的达成，都要进行试运转。试运转期间的风险是最大的，因为设备在安装过程中如果存在缺陷，在试运转期间将会集中暴露出来，同时可能由于工期先后的原因而存在单套或几套装置依次单独试车，而并不一定要全套装置同时试车，这样，后试车的装置可能对已投入运营的装置产生一定的影响。如果试车时发生意外事故，损失金额巨大。试车期间，施工现场存有易燃物品，也可能存放爆炸物品，由于现场管理经验不足，在管理不得力的情况下，容易发生火灾或爆炸事故。火灾和爆炸是此期间的关键风险。

建筑安装工程一切险保险合同主要由保险明细和保险条款两部分构成，保险明细主要对工程中的基本事项进行约定，主要包括保险交易的当事人、保险标的物、保险金额、险别、费率等；保险条款是对保险人和被保险人的权利义务进行明确约定，详细列出投保人、保险人、保险受益人的权利、义务以及各自的免责条款等，各保险公司提供的保险条款基本相同。下面以中国人民财产保险公司为例进行介绍。

（一）投保人名称地址

投保人名称：××公司（业主）。

投保人地址：××。

（二）被保险人

（1）业主。

（2）总承包商。

（3）设备供应商/制造商。

（4）其他关系方：包括分包商、工程设计方、勘察单位、监理方、调试公司、材料供应商、运输单位及其他与工程有直接关系的单位。

上述各方以各自保险利益为限。

通常被保险人的名称应在保险合同中，即明细表中予以列明，但是分包商可以例外，因为在一个建设工程项目中的分包商较多，在保险合同订立时（开工前）往往还无法完全确定，所以可以在明细表中只写"分包商"，而不是某个分包商的具体名称，这样后期确定的被保险工程的分包商就自动成为保险人。

业主投保时，总承包商必须注意自己是否是共同被保险人。如果是，要在保险合同中约定关于承包商如何获得保险单及保险金的获得权益。如果不是，要考虑单独投保，并向业主主张相关保险费用；不同被保险人往往在工程现场会产生交叉侵权责任，在后面的附加险中要附加交叉责任互不追偿条款，这样会省去不必要的保险人，甚至再保险人的代位求偿，使工程项目各方当事人关系融洽。

（三）保险工程名称及地址

保险工程名称：××炼化工程。

避免采用笼统的名称，建议采用与工程建设项目一致、明确、具体的名称。

保险工程地址：××（工程所在地具体地址）。

（四）保险工程地址范围

××公司××炼化工程所在地及受工程施工影响的周边临近区域，包括但不限于永久工程所在地及为实施施工专用施工区域、材料预制构件基地，其他临时工程、临时建筑、临时设施所在地，以及国内工程物资供应地至工地或指定仓库的内陆运输途中、工地外仓库或料场至工地等内陆运输途中。

（五）保险标的

临时工程、服务、材料、装置、机器、零件，临时建筑包括现场办公室及其内物品，以及任何性质或描述的所有其他财产或设备（但不包括承包商设备），被保险人所有或在项目现场或其他区域限制范围内负责的财产，包括在当地购买的中华人民共和国境内运送途中的与项目有关的设备和材料。

（六）保险项目及保险金额/赔偿限额

第一部分：物质损失部分。

物质损失部分保险金额：××万元人民币。

注：上述金额的明细组成以概算清单为基础，最终保险金额以各项实际完工结算金额为准。

第二部分：第三者责任部分。

每次事故及累计赔偿限额：××万元人民币（包括财产损失、人身伤亡以及诉讼费用）。

注：以上事故是指每一次事故或由同一原因/同一事件引起的一系列事故。

（七）保险期限

1. 建筑安装期

自20××年×月×日0时起至20××年×月×日24时止，包括调试、试车、试运行期。

如工程在上述期限中未按时实际投入商业运行或颁发交工验收证书或验收合格，根据被保险人申请本保险期限将自动延长180天，并不因此加收任何附加保险费。若工程延期超过180天，保险人同意按照被保险人提前申报延长保险期限，但被保险人需按日比例补缴相应的保费〔补缴保险费=超过180天后的延长期×原保险费/（建筑安装期+180天）〕。

2. 保证期

保证期为建筑安装期结束后12个月。如工程进度延期，则保证期相应顺延。

（八）每次事故绝对免赔额

第一部分：物质损失部分。

（1）地震每次事故免赔额：损失金额的×%或××万元人民币，两者以高者为准。

（2）其他情况每次事故免赔额：××万元人民币。

（3）若一次事故损失，适用多个免赔额时，则只适用最高的免赔额。

第二部分：第三者责任部分。

免赔额：××万元人民币。

（九）保险费率

第一部分：物质损失×‰。

第二部分：第三者责任×‰。

（十）总保险费

总保险费：××万元人民币。

（十一）保费支付方式

保费支付方式：一次性支付或分期支付。

（十二）基本条款

建筑安装工程一切险条款(20××版)。

（十三）司法管辖

中华人民共和国司法管辖。

（十四）争议处理

双方友好协商，共同解决争端。如协商不成，可采取如下第2种方式：

(1) 向××仲裁委员会申请仲裁。

(2) 向有管辖权的人民法院提起诉讼。

（十五）特别约定

1. 条款效力优先约定

本保单条款措辞由特别约定、特别条款和基本条款构成，并以排序在前者效力优先。

2. 第三方造成事故赔偿约定

如因第三方原因(含恶意破坏)造成本保险承保工程的损失，保险人按照本保单的规定予以赔付，在被保险人告知保险人合理修复方案的情况下，被保险人可先行修复；但被保险人应保留向第三方追偿的权利，并在获得保险赔付后，在赔付额度范围内将该权利转让给保险人，并积极协助保险人进行追偿。

3. 第三者责任的赔偿处理约定

如发生第三者责任事故，保险人应积极参与事故调解。若被保险人要求保险公司参与事故调解，保险人应派员参与事故调解；如保险人不派员参与，则视同保险人完全认可被保险人与第三者达成的赔偿协议及调解结果。如在处理过程中聘请相关权威鉴定部门进行技术鉴定，由保险公司承担其鉴定费用。

4. 事故发生的通知约定

被保险人应在事故发生后及时通知保险人，并积极配合保险人的查勘定损工作，双方进一步约定：

(1) 保险人仅在投保人、被保险人或受益人故意或因重大过失未及时通知的情况下有权免责，而且免责的范围限于因上述人员未及时通知导致保险事故的性质、原因、损失程度等难以确定的部分。

(2) 对于保险人可以通过其他途径已经及时知道或应当及时知道保险事故发生的(如新闻媒体报道的重大事故等)，不得以投保人、被保险人或受益人未及时通知为由拒绝承担赔偿责任。

5. 调整变更约定

本工程在施工过程如根据实际情况变更或调整设计规范、施工方法或范围等事宜，只要上述变更或调整符合本项目的管理规范，均被双方认为是合理的、可以预测的。因此，被保险人不需要事先向保险人申报，该变更或调整部分自动纳入保险范围，但保险人有权随时查阅上述变更或调整的相关文件、资料。

6. 及时检验特别约定

若发生保险事故时，在被保险人直接或通过保险经纪公司以约定方式向保险人报案后，保险人未能按照合同约定和(或)承诺时间(不可抗力因素除外)到达保险事故第一现场进行查勘，或因事故现场抢险的需要，被保险人无须事先同保险人协商即可着手抢救、处理、修理或恢复，保险人不得因此拒绝赔偿。但被保险人应在事后向保险人递交一份事故书面报告，并尽可能提供有关损失照片或影像资料，或文字记载。

7. 交叉责任特别约定

兹经双方同意，本保险单承保的某工程（简称"本项目"）与其他项目之间发生交叉事故的，本保单所承保项目与其他项目互为第三者，具体赔偿按如下约定处理：

（1）因其他项目施工导致本项目发生损失的，按第三方引起的意外事故予以处理，保险人按保单约定予以赔偿后，并有权向第三方追偿，但无论如何，本保单放弃对本项目被保险人的代位追偿权。

（2）因项目施工导致其他项目发生损失的，若被保险人面临第三方索赔，则按第三者责任事故予以处理。

（十六）特别条款

第一类：适用于物质损失部分。

（1）制造商风险扩展条款。

（2）清除残骸费用条款（每次事故赔偿限额：××万元人民币）。

（3）专业费用条款（每次事故赔偿限额：××万元人民币）。

（4）特别费用扩展条款（每次事故赔偿限额：××万元人民币）。

（5）空运费扩展条款（每次事故赔偿限额：××万元人民币）。

（6）灭火费用条款（每次事故赔偿限额：××万元人民币）。

（7）工程图纸、文件特别条款（每次事故赔偿限额：××万元人民币）。

（8）自动恢复保额条款。

（9）赔偿基础条款（××%）。

（10）扩展责任保证期扩展条款（12个月）。

（11）工地外储存物特别条款（每一储存地点最高赔偿限额：××万元人民币）。

（12）内陆运输扩展条款（每次事故赔偿限额：××万元人民币）。

（13）工程险、运输险责任分摊条款。

（14）转移至安全地点特别条款。

（15）场外装配扩展条款。

（16）预防措施条款。

（17）公共当局扩展条款。

（18）工程完工部分扩展条款。

（19）罢工、暴乱及民众骚动扩展条款。

（20）埋管查漏费用特别条款（每一流体静力试验段的赔偿限额：××万元人民币）。

（21）安装试车条款。

（22）临时修理扩展条款。

（23）被保险人控制财产扩展条款。

（24）保险金额及保险费调整条款（±10%）。

（25）管理费用条款。

（26）自燃、鼠咬、虫蛀扩展条款。

（27）测试、重新测试、试验条款。

（28）工地外预制结构条款。

（29）敷设管道、电缆特别条款。

第二类：适用于第三者责任部分。

（1）交叉责任条款。

（2）工地访问条款。

（3）急救费用条款(每次事故赔偿限额：××万元人民币)。

（4）妨碍、扰乱行为扩展条款(每次事故赔偿限额：××万元人民币)。

（5）车辆装卸责任条款。

（6）自然灾害引起的第三者责任特别条款(每次事故赔偿限额：××万元人民币)。

（7）保证期内第三者责任扩展条款。

（8）契约责任扩展条款。

（9）第三者定义扩展条款。

（10）董事及管理人员第三者责任条款。

第三类：适用于物质损失部分与第三者责任部分。

（1）错误和遗漏条款。

（2）不受控制条款。

（3）违反条件条款。

（4）停工损失扩展条款。

（5）突然及意外渗漏、污染、玷污条款。

（6）预付赔款条款。

（7）放弃代位追偿权条款。

（8）指定理算人条款。

（9）保单不可撤销条款。

（10）共同被保险人条款。

（11）业主雇员在工地意外伤害扩展条款。

（12）意外污染责任特别条款。

（13）车辆责任条款。

（14）调查、谈判和辩护费用条款。

（15）社会活动责任条款。

综上所述，业主投保的建筑安装工程一切险及第三者责任险由于保险金额大、责任范围广，是项目保险中的重中之重。根据国内类似项目的经验，针对炼化工程项目的具体情况，保险方案应侧重以下方面。

（1）较广的被保险人：囊括项目的关系方。

（2）较长的保险期限：12个月的保证期，建筑和安装延期3个月内，机械试车、调试、性能测试和(或)试运行延期3个月内自动承保。

（3）较高的免赔额：较高的免赔额，节约保险成本。

（4）较多的附加条款：在保单主条款的基础上对保单内容和保障范围做进一步的调整和修正，以满足业主更全面的风险保障需求。

二、承包商施工机具险(承包商)

大型安装工程在施工过程中需要使用的大型吊装设备也是一个重要的风险点,其风险主要表现在三个方面:一是吊装设备自身的安装和调试过程应当掌握和控制风险,避免发生恶性事故;二是火灾爆炸、土体滑动、滑坡塌方等都可能造成施工机具设备的损坏;三是在作业过程中,特别是超大型设备和结构件的吊装过程,必须严格按操作规程,尽可能使用有经验的机械手。大型安装工程的施工对吊装设备的依赖程度高,一旦这些设备发生损失,恢复和重新购置这些设备的周期长,工期将受到严重影响,需要特别关注这些吊装设备的安全。

例如,大型塔吊、龙门吊、起重机倒塌,大型钻机、混凝土输送设备的损坏等。因设备维修费用较大,如未及时修复使用,必然会影响到工期的进展,可以要求施工方单独购买施工机具保险。

如果业主购买建筑安装工程保险,工程承包合同中一般要求承包商为其施工机具购买保险。施工机具方面可供选择的保险产品有工程机械设备保险、财产险产品。但不是每家保险公司都有工程机械设备保险产品,而财产保险产品比较成熟、普及,承保的保险标的可以涵盖承包商驻现场机构所拥有的或租赁的设施、设备、材料、商品,以及个人物品、行李等未列入建筑安装工程一切险保险标的的财产,所以一般以财产险作为投保险种。下面以中意财产保险公司为例进行介绍。

(一)投保人

投保人:××公司(承包商)。

(二)被保险人

被保险人:业主、承包商。各方在保单项下的权益以各自的可保利益为限。

(三)保险工程地址范围

××公司××炼化工程所在地及受工程施工影响的周边临近区域,包括但不限于永久工程所在地及为实施施工专用施工区域、材料预制构件基地,其他临时工程、临时建筑、临时设施所在地,以及国内工程物资供应地至工地或指定仓库的内陆运输途中、工地外仓库或料场至工地等内陆运输途中。

(四)保险项目及保险金额/赔偿限额

保险金额:××万元人民币。

(五)保险期限

自20××年×月×日 0 时起至20××年×月×日 24 时止。

(六)每次事故绝对免赔额

每次事故免赔额:××万元人民币。

(七)保险费率

保险费率:×‰。

投保人与保险公司双方可以协商,保险公司主要依据客户的历史理赔数据、行业平均理赔数据等平衡费率。

(八)总保险费

总保险费:××万元人民币。

（九）保费支付方式

保费支付方式：一次性支付或分期支付。

（十）计价基础

按施工机具的重置价值投保。

（十一）保险责任

按照中华人民共和国保险监督管理委员会备案的《财产一切险条款》及附加条款的责任范围承担保险责任。

（十二）特别约定

（1）对于本保险，业主为附加被保险人，同时保险人放弃向业主及业主关联方行使代位追偿权的所有权利。

（2）如保险人要撤销或修改保单，保险人应在可能的情况下提前30天通知业主。保险人同时应将投保人未能支付保费或其他违反保单规定的情况通知业主。

（3）承包商投保的所有保险应先于业主投保的保险。

（十三）特别条款

（1）倾覆、碰撞条款。

（2）空中飞行物条款。

（3）72小时条款。

（4）赔款接受人条款。

（5）预付赔款条款。

（6）地域调整扩展条款。

（7）地震扩展条款。

（8）罢工、暴乱及民众骚乱扩展条款（国际炼化工程项目）。

（9）盗窃抢劫条款。

（10）错误和遗漏条款。

（11）不受控制条款。

（12）违反条件条款。

（13）放弃代位追偿权利条款。

（14）重置价值条款。

（15）成对或成套设备条款。

（16）60天取消保单条款。

（17）锅炉、压力容器扩展条款。

（18）附加被保险人条款。

（19）85%共保条款。

（20）露天存放及简易建筑内财产扩展条款。

三、货物运输险（业主/承包商）

建设项目的运输风险是指在项目建设过程中，业主或建设施工单位面临的建设物质（材料和设备）和施工机具在运输途中由于自然灾害和意外事故可能遭受的损坏和灭失风险。项目在建设安装过程中，将涉及大量安装设备的运输，需要从国外或国内相关厂商采购，如果组织、调度和管理不当，就有可能发生各种意外事故，对于运输安全的管理、妥善地转移风险是工程项目建设过程中需要考虑的问题。

例如，从水路或铁路转运站转运的物资材料，由于公路(汽车为主，包括特大型汽车)运输繁忙，道路状况又往往不够理想，在运输过程中发生交通事故有时会造成运输机具设备的损失，也造成所载机具设备、材料的损失。

炼化工程项目涉及的货物运输保险主要包括国际货物运输保险和国内货物运输保险两类。国际货物运输保险主要涉及海洋货物运输保险、陆上货物运输保险等。国内货物运输保险主要涉及国内水路货物运输保险、国内铁路货物运输保险、国内公路货物运输保险等。

大型国际炼化工程项目建设过程中，往往涉及大量的进口设备和材料，这些设备和材料的进口一般是通过远洋运输完成的。远洋运输运距大、周期长，运输环境相对恶劣，货物从一开始离开仓库，直至到达目的地之前，在运输途中可能会出现各种不测事件。由于国际货物运输部门对运输途中造成的货物损失的赔偿是非常有限的，货物买卖双方只有将风险转移给保险公司方可得到经济保障。同时，这些进口设备中常常还有一些超大和超重的部件，所以海洋货物运输保险应该引起承包商的充分重视。从采购合同的角度看，国际货物运输风险的承担主体可以是买方(业主和承包商)，也可以是卖方(供应商)，确定依据是相应的合同条件及采购合同中的价格条件。

国内货物运输保险系指工程在中国境内，承包商为实施工程而通过内河、内陆或境内空运手段，将工程所需材料运至工地过程中可能发生的危险损失负赔偿责任。它主要承保货物在运输过程中因自然灾害、意外事故及外来原因所致运输货物的损失，该险种具有标的流动性大、保险责任期短、保险责任范围广等特点。

业主和承包商可根据各自财产情况分别投保货物运输险，下面以中国人民财产保险公司为例进行介绍。

(一) 投保人

投保人：××公司(业主)或××公司(承包商)。

(二) 被保险人

被保险人：××公司(业主)或××公司(承包商)。

(三) 保险标的

××炼化工程项目在建筑工程一切险及第三者责任险保险协议有关货运险条款中没有包含的设备、材料。

(四) 运输方式

陆运、水运、水陆联运。

(五) 运输工具

汽车、火车、船舶(承运船舶为符合交通、海事部门安全规定，取得航运许可，适航的船舶)。

(六) 适用条款

海洋运输货物保险条款、国内水路货物运输保险条款、公路货物运输保险条款和铁路货物运输保险条款。

(七) 投保险种

海洋运输货物保险一切险、国内水路货物运输保险综合险、公路货物运输保险和铁路货物运输保险。

（八）每次运输限额

当次运输设备发票金额加上被保险人应负责的有关运输费用、保险费并加成×%。

（九）责任起讫

仓至仓(以设备采购合同和运输合同约定为准)。每次中转临时存放不超过××天。

（十）运输范围

世界各地。

（十一）包装方式

以采购合同或相关合同为准。

（十二）保额确定方式

设备金额加上被保险人应负责的有关运输费用、保险费并加成×%。

（十三）免赔额

每次事故免赔额：××万元人民币。

（十四）保险费率

保险费率：×‰。

投保人与保险公司双方可以协商，保险公司主要依据客户的历史理赔数据、行业平均理赔数据等平衡费率。

（十五）保险费

总保险费：××万元人民币。

（十六）缴费方式

分××次付款，首批设备起运前 7 天预付 50%保费，最后一批货物起运前 7 天结清剩余保费。

（十七）索赔凭证

适用条款中规定提交的单证。

（十八）协议有效期

自 20××年×月×日 0 时起至 20××年×月×日 24 时止。

（十九）争议处理方式

（1）仲裁：××仲裁委员会。

（2）诉讼：××人民法院。

（二十）司法管辖权

中华人民共和国(不包括香港特别行政区、澳门特别行政区和台湾)。

（二十一）附加条款

（1）海洋运输货物战争险条款。

（2）陆上运输货物战争险条款。

（3）货物运输罢工险条款。

（4）偷窃、提货不着险条款。

（5）碰损、破碎险条款。

（6）包装破裂险条款。

（7）淡水雨淋条款。

（8）舱面货物条款。

（9）货运险、工程险责任分摊条款。

（二十二）特别约定

每批货物起运前，被保险人应向保险人提供货运清单，本义务若因疏忽或过失没履行不影响到被保险人索赔的权利。

四、雇主责任险（业主/承包商）

工程建设期可能引起的人身安全受损的风险主要表现在三个方面：一是由于厂区内员工众多，发生台风、大风、暴雨等自然灾害时，容易导致施工材料、设施倒塌倾覆、施工电气设备漏电等，容易造成现场人员受伤；二是发生火灾、爆炸时，极易造成对现场工作人员的人身伤害，严重的事故甚至会导致更大范围内的人员伤亡；三是由于施工现场情形复杂，管理难度大，容易发生施工人员高空坠落、被高空坠物砸伤、违章操作触电、焊接处理不当伤亡等事故。

雇主责任是指雇主在经营过程中根据合同和法律的规定应当对雇员承担的各种责任。在施工过程中发生意外事故时，往往会涉及施工单位或业主单位的过失，作为雇主，对雇员的伤亡有法定的劳工赔偿责任。大型安装工程在设备吊装过程中，施工人员的意外风险较大。此外，《中华人民共和国建筑法》以法律形式规定要为施工人员投保意外保险，也即雇主责任保险。因此，从保障施工方和工人的角度，都有安排雇主责任保险的必要。

被保险人所雇用劳工在保单有效期内，在受雇过程中，从事保单列明的被保险人的业务活动时，遭受意外而致受伤、死亡或患与业务有关的职业性疾病，所致伤残或死亡，被保险人根据雇用合同，须承担医药费及经济赔偿责任的，包括应支出的诉讼费用，由保险公司负责赔偿。对非因公或非工作时间内雇员的人身伤亡和疾病，雇主责任险一般不予负责。此外，对雇员的财产损失也不负责赔偿。在世界各国和地区，一般都通过立法，详细规定雇主对其雇员在受雇期间的各种义务和责任。例如，英国的《工厂法》《农业法》，1969 年的《雇主责任强制保险法》、日本的《劳工标准法》，香港的《劳动赔偿法》等，都属于这类立法。美国在其公法和成文法中，都有详细的规定，要求雇主从事业务活动时注意雇员安全，并对雇员在受雇期间遭受意外事故的损失予以赔偿。

雇主责任险与劳动保险的区别：雇主责任保险是基于雇主未能尽其法律义务，即因过失或疏忽而产生的法律赔偿责任的保险。它与劳动保险不同，劳动保险虽然也是保障雇员遭受人身伤亡或疾病时雇主赔偿责任，但不考虑雇主有无过失。

业主和承包商均应为各自雇用的雇员投保。下面以中国人民财产保险公司为例进行介绍。

（一）投保人

投保人：××公司（业主）或××公司（承包商）。

（二）被保险人

被保险人：××公司（业主）或××公司（承包商），各级分包商。

（三）保险期限

自 20×× 年 × 月 × 日 0 时起至 20×× 年 × 月 × 日 24 时止。

（四）承保范围

凡被保险人所雇用的员工，在保险期限内，在受雇过程中，从事与被保险人的业务有关工作时，遭受意外而致受伤、死亡或患与业务有关的职业性疾病，所致伤残或死亡，被保险人根据雇用合同，须负支付医药费及经济赔偿责任的，包括应支出的诉讼费用，由保险公司负责赔偿。

（五）承保明细

承保明细示例见表6-2。

表6-2　承保明细示例

工种	人数
管理、行政人员	×（人）
操作人员	×（人）
……	×（人）
总计	×（人）

（六）保险金额

保险金额：××万元人民币。

（七）赔偿限额

死亡赔偿限额：××万元人民币。

伤残赔偿限额：××万元人民币。

医疗赔偿限额：××万元人民币。

（八）保险费率

保险费率：×%。

（九）保险费

总保险费：××万元人民币。

（十）保险费支付

分期支付或于保险单生效后×日内一次性支付。

（十一）保险责任

在保险期间内，被保险人的雇员因从事保险单列明的业务工作而遭受意外，包括但不限于下列情形，导致负伤、残疾或死亡，依法应由被保险人承担的经济赔偿责任，保险人按照本保险合同约定负责赔偿：

（1）在工作时间和工作场所内，因工作原因受到事故伤害。

（2）工作时间前后在工作场所内，从事与工作有关的预备性或收尾性工作受到事故伤害。

（3）在工作时间和工作场所内，因履行工作职责受到暴力等意外伤害。

（4）因工外出期间，由于工作原因受到伤害或发生事故下落不明。

（5）在上下班途中，受到非本人主要责任的交通事故或城市轨道交通、客运轮渡、火车事故伤害。

（6）在工作时间和工作岗位，突发疾病死亡或在48小时之内经抢救无效死亡。

（7）在抢险救灾等维护国家利益、公共利益活动中受到伤害。

（8）原在军队服役，因战、因公负伤致残，已取得革命伤残军人证，到用人单位后旧伤复发。

（9）法律、行政法规规定应当认定为工伤的其他情形。

（十二）争议处理方式

（1）仲裁：××仲裁委员会。

（2）诉讼：××人民法院。

（十三）司法管辖权

中华人民共和国（不包括香港特别行政区、澳门特别行政区和台湾）

（十四）附加条款

（1）紧急运输费用条款。

（2）特殊天气条款。

（3）就餐时间扩展条款。

（4）运动和娱乐活动条款。

（5）上下班途中条款。

（6）董事及非体力劳动雇员临时海外公干责任条款。

（十五）特别约定

（1）关于本保险，业主和业主代表为附加被保险人。

（2）关于本保险，保险人放弃针对业主、业主代表及其关联公司的代位追偿权。

（3）关于本保险，对所有被保险人而言是主险，不得视为对业主或业主代表投保的任何保险的附加险。

（4）原则上，保险人一般不撤销或修改保单。如果保险人要撤销或修改保单，应提前30天征得业主的同意。保险人同时应将投保人未能支付保费或其他违反保单规定的情况通知业主。

（5）本保险单仅承保在保险期间内，被保险人的工作人员因从事与本工程直接相关的业务工作而发生保险责任列明的情形导致伤残或死亡，依照中华人民共和国法律应由被保险人承担的经济赔偿责任。被保险人的工作人员，因从事与本工程无直接相关的业务工作而发生保险责任列明的情形导致伤残或死亡，依照中华人民共和国法律应由被保险人承担的经济赔偿责任，不属于本保险单的承保范围。

五、团体建筑施工人员意外伤害保险（承包商）

团体意外伤害保险是以团体方式投保的人身意外伤害保险，其保险责任、给付方式均与个人投保的意外伤害保险相同。该保险即一个团体内的全部或大部分成员集体向保险公司办理投保手续，以一张保单承保的意外伤害保险。团体指投保前即已存在的机关、学校、社会团体、企业、事业单位等，而不是为了投保而结成的团体。

由于意外伤害保险最适合以团体的方式投保，因此在意外伤害保险中，以团体意外伤害保险居多。由于团体意外伤害保险的保险费率很低，因此在企业中一般是由企业或雇主支付保险费为雇员投保。在机关、学校、事业单位中，也可以由单位组织投保，保险费由被保险人个人负担。团体投保的意外伤害保险与个人投保的意外伤害保险在保险责任、给付方式等方面相同，只是保单效力有所区别。在团体意外伤害保险中，被保险人一旦脱离投保的团体，保单效力对该保险人即行终止，投保团体可以为该投保人办理退保手续，保单对其他被保险人仍然有效。

雇主责任保险与施工人员意外伤害保险的异同：雇主责任保险与施工人员意外伤害保险最主要的不同在于保障的对象不同。雇主责任险是以雇主对于雇员可能产生和承担的法律责任作为保障对象的，其实质是以雇主的权益为保障对象。施工人员意外伤害保险是以施工人员及其亲属在施工人员发生意外伤害事故时的经济损失作为保障对象的，其实质是以施工人员及其亲属的利益为保障对象。

公司规模较大时，建议以集团或总公司的名义进行投保，与保险公司签订统保框架协议，各项目根据需要签订具体保险合同，提交被保险人名单，并进行动态管理。建议保险合同免赔额设为零，对人员伤亡的每人赔偿限额参照适用属地的相关法律计算出的赔偿标准，涵盖诉讼等相关费用。在中国发生这种事件的概率相对较高，损失之后全权交由保险公司处理比较好，对于承包商而言，可以省去很多与第三方的交涉时间和其他不可预见事件的发生。

下面以中国人民财产保险公司为例进行介绍。

（一）投保人

投保人名称：××公司（总承包商或各级分包商）。

（二）被保险人

（1）总承包商：××公司。

（2）各级分包商。

（3）××公司及其代表（业主）。

以上各方在本保单项下的权益以各自的可保利益为限。

（三）保险工程名称

保险工程名称：××炼化工程。

（四）保险工程所在地

保险工程地址：××（工程所在地具体地址）。

（五）保险期限

自 20×× 年 × 月 × 日 0 时起至 20×× 年 × 月 × 日 24 时止。

以工程工期为期限，最长可免费延期 6 个月，需书面通知保险公司批改。

除另有约定外，保险期间自施工合同规定的开工当日起至施工合同规定的工程竣工之日止。以保险单载明的起讫时间为准。

（1）在保险期间届满之日前工程竣工的，保险责任自竣工次日自行终止。

（2）在保险期间内，工程因故完全停工，投保人需书面通知保险人并办理保险合同效力中止手续。工程复工后，投保人应书面申请恢复保险合同效力，但累计有效保险期间不得超过本保险合同对保险期间的约定。保险合同效力中止期间，保险人不承担保险责任。

（3）保险期间届满时工程未竣工的，投保人应在保险期间届满之日起 30 日内向保险人申请办理延期手续，延期自保险期间届满次日起计算，累计延期不超过 180 日的，不需交纳保险费；累计延期超过 180 日的，按超出时间交纳延期保费。

（4）在保险期间内，工程造价、工程面积增加的，在投保人补交工程造价、工程面积变更部分保费后，如涉及工期延长，保险人可依据变更后施工合同办理保险期间延期手续，不再按照本条约定收取延期保费。

（六）赔偿限额

死亡赔偿限额：××万元人民币。

伤残赔偿限额：××万元人民币。

医疗赔偿限额：××万元人民币。

（七）免赔额

每人每次事故免赔额扣除××万元人民币，按×%赔付。

（八）工期保险费率

保险费率：%。

（九）保险费

总保险费：××万元人民币。

保险费有3种方式计收，由双方选定1种，并在保险单中载明。

（1）保险费按被保险人人数计收的，按下列公式交纳保险费：

保险费＝每人保险金额×年费率×保险年份数×被保险人人数

（2）保险费按建筑工程项目总造价计收的，按下列公式交纳保险费：

保险费＝项目总造价×保险费率×（每一被保险人保险金额/10000）

累计延期期限超过180日的需按下列公式计算延期保险费：

延期保险费＝项目总造价×保险费率×（每一被保险人保险金额/10000）×［（累计延长期限－180日）/投保时提供的工程合同施工期限］

项目新增造价补收保险费＝项目新增造价×保险费率×（每一被保险人保险金额/10000）

（3）保险费按建筑施工总面积计收，按下列算式交纳保险费：

保险费＝建筑施工总面积×每平方米保险费×（每一被保险人保险金额/10000）

累计延期期限超过180日的需按下列公式计算保险费：

延期保险费＝建筑施工总面积×每平方米保险费×（每一被保险人保险金额/10000）×［（累计延长期限－180日）/投保时提供的工程合同施工期限］

项目新增面积补收保险费＝建筑施工新增面积×每平方米保险费×（每一被保险人保险金额/10000）

（十）保费支付

一次性支付或分期支付。

（十一）保险责任

在保险期间内，被保险人在本保险合同载明的工程项目施工区域内从事管理和作业过程中，或在施工期限内施工方指定的集中生活区域内，或从施工现场到施工方指定的集中生活区域往返途中遭受意外伤害，并因该意外伤害导致身故或残疾的，保险人依照约定给付保险金，且给付各项保险金之和不超过该被保险人的保险金额。

（十二）争议处理方式

（1）仲裁：××仲裁委员会。

（2）诉讼：××人民法院。

（十三）司法管辖权

中华人民共和国（不包括香港特别行政区、澳门特别行政区和台湾）。

(十四)特别约定

(1) 本保单扩展承保参与工地现场施工与管理的人员，包括工程监理部门以及工程行政监管部门指派到工地现场参与检查指导工作的其他工作人员在合同载明的项目地址范围内发生的保险责任。

(2) 投保人的项目工程管理人员在项目部至施工现场途中遭受意外伤害，由保险人承担保险责任。

第二节 保险要素分析

一、保险人、投保人、被保险人

(一) 保险人

随着国内保险市场迅速发展，尤其是中国人民保险集团股份有限公司、中国平安保险(集团)股份有限公司和中国太平洋保险(集团)股份有限公司的上市，以及未上市的其他保险公司也在积极增加资本金，国内保险公司的资本实力大大增强；而且国内各家保险公司的再保合约也有较大改善，再保合约能力也大幅增加，总体而言，国内保险公司的承保能力得到大幅提高。

因此，除了业主投保的主体工程建筑安装工程一切险及第三者责任险保险金额大，需要采用共保模式外，其他险种均可由一家保险公司独家承保，建议按照以下标准选择一家保险公司以利于提供更好的保险服务：

(1) 重大炼油/石化工程项目保险经验。

(2) 承保能力。

(3) 本地化服务。

根据国内类似项目的经验，主体工程建筑安装工程一切险及第三者责任险的保险安排通常采用以下方式：业主在国际市场询价，选择价格合理的再保险公司，在得到一定的国际市场支持后再回到国内进行排分。在选择国内保险公司时，建议按照以下标准：

(1) 炼油/石化工程项目保险经验。

(2) 专业服务团队。

(3) 承保能力。

(4) 本地化服务。

(5) 积极配合业主安排所需再保险。

(6) 信用等级。

(7) 市场份额。

(二) 投保人

炼化工程建设过程中会涉及众多单位：业主、施工总包商、施工分包商、监理、设计单位、设备材料供货商等。在建设过程中，各参与方都可能对工程拥有相关保险利益。但投保人过多，诸多保险利益划分复杂，极易出现保险责任交叉、重复的情况，一旦发生保险事故，保险索赔时的谈判将十分复杂艰难，还可能发生互相推卸责任、扯皮的情况。

目前，大型炼化工程项目大多由业主作为项目管理方，可以由业主统一投保建筑安装工程一切险。业主投保建筑安装工程一切险有多个优势：业主对整体项目风险转移保险策略有绝对控制权；对设计保险方案、保费支出及索赔有充分的控制权；统一投保避免多个投保人保险利益交叉、重复；业主统一投保谈判时可以获得更大的保费优惠；发生保险事故后，保险公司只与业主方进行谈判，索赔环节流程简单，结案速率快。

货物运输险由承包商统一投保，若其中涉及业主单独采购的设备材料等，业主也可投保相应的货物运输；承包商施工机具险由承包商统一投保；对于责任保险业主和承包商可分别对其项目参与员工投保雇主责任险及团体意外伤害险。另外，对于第三者责任险可由业主或承包商投保，或在施工合同中做好责任划分，一般由业主投保。

综上所述，工程建设财产损失险、业主成员雇主责任险和业主采购货物运输险应由业主单位统一投保；与承包商保险利益相关的承包商施工机具、货物运输、雇主责任险或团体人身意外伤害险可以由承包商投保；第三者责任险可以由业主与承包商在合同中明确责任划分后再进行相应的投保。对于承包商投保险种，业主方应当明确要求。

（三）被保险人

必须确保炼化工程项目众多相关方的保险利益都能得到保障，因此应尽可能根据险种情况将涉及相关方的所有人员纳入被保险人。

1. 主要被保险人

（1）业主方：××建设项目经理部。

（2）项目经理部管辖的其他关系方：已成立或今后可能成立的项目分部、子公司、分支机构等。

2. 附加被保险人

（1）总包商、承包商、分包商、制造商、供货商、销售商、监理、设计方和任何其他公司、事务所、个人或团体，以及与上述主要被保险人或附加被保险人签订与此炼化工程项目和工程行为有关协议的相关方。

（2）项目施工独立于业主和承包商的第三方。

（3）本条项下的被保险人也包括与此炼化工程项目有着相关利益的相关方。

二、保险金额

安装工程：保险工程安装完成时的总价值，包括设备费用、原材料费用、安装费、建造费、运输费和保险费、关税、其他税项和费用，以及由工程所有人提供的原材料和设备的费用。

其他保险项目：由投保人与保险人商定的金额。

三、保险期限

不同于普通财产保险的12个月保险期限，工程保险的保险期限根据建设工程工期确定，大型炼化工程项目工期一般在1年以上，有的甚至长达2~3年，包括施工期，调试、试车、试运行期以及保证期。保险人的保险责任自保险工程在工地动工或用于保险工程的材料、设备运抵工地之时起始，至工程所有人对部分或全部工程签发完工验收证书或验收合格，或工程所有人实际占有或使用或接收该部分或全部工程之时终止，以先发生者为准。

如果工程在上述期限中未按实际投入商业运行或颁发交工验收证书，或验收合格，根据被保险人申请保险期限可以自动延长。

保证期为建筑安装期结束后 12 个月，如果工程进度延期，则保证期应相应顺延，如图 6-1 所示。

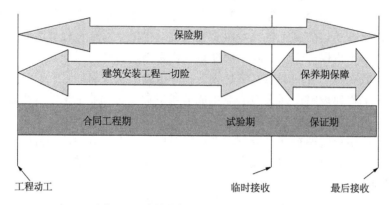

图 6-1　建筑安装工程一切险保险期限

四、赔偿限额

对于实际工程，全部保险金额发生损失可能性非常小，即使是自然灾害、火灾爆炸也仅造成局部损失，基于此有必要设定赔偿限额，从而争取最大的优惠费率。

赔偿限额分为单次赔偿限额和累计赔偿限额。限额设置得越高，则保险费率一般也会相应增加。赔偿限额的设定一般会参考如下依据：

（1）最大损失估算。单次火灾爆炸事故赔偿限额可以参考第五章中重大风险损失定量模拟估算，特种风险赔偿限额一般指暴雨、台风、洪水、地震及海啸等有可能造成巨大损失的风险，一般设定特种风险赔偿限额不超过总保险金额的 80%。

（2）保险公司的承保能力。保险公司承保能力与赔偿限额之间存在密切的关系，保险公司承保能力较强，则保险事故发生后，投保人可以得到充足的赔偿。保险人只能在其承保能力之内承保，若超过其承保能力后，保险人必须安排分保，这也是为了保障被保险人的利益。

基于以上几点因素的综合考量，可以将赔偿限额做如下设定：

（1）人员伤亡部分。某大型国有石油企业对所有的员工投保雇主责任险，并附加意外医疗，保障额度为意外伤害 40 万/人，医疗 2 万/人，可以此作为炼化工程人员投保雇主责任险的参考。

（2）物质损失部分。物质损失单次赔偿限额的设定不应低于最大损失估算的数值。特种风险赔偿限额一般指暴雨、台风、洪水、地震及海啸等有可能造成巨大损失的风险，一般设定特种风险赔偿限额不超过总保险金额的 80%。

（3）第三者责任部分。炼化工程施工过程中有可能对第三方造成巨额损失的因素，主要包括环境破坏和人员伤亡等。人身伤亡可参考雇主责任险，环境破坏造成的财产损失一般较难估算，可以根据保险公司承保能力及企业可接受的投保费率综合考虑后确定。

五、免赔额

免赔额是保险人对保险标的在一定限度范围内的损失不负赔偿责任的金额，这在一定程度上降低了保险人实际承担的责任。免赔额的高低与承包商的风险管理水平、风险承受能力有关。如果风险管理水平和风险承受能力高可以提高免赔额，这样可以降低费率；反之亦然。设置免赔额一是为了加强被保险人风险管理意识；二是为了减少小额损失案件的处理，降低投保人及保险人的管理成本；三是在一定程度上可以降低费率。

物质损失部分的免赔额一般根据业主自身资金能力及可承担的风险综合考虑，对于炼化工程，对于免赔额项下的损失可以在 EPC 合同中约定，即凡是由于承包商或施工单位原因造成的，免赔额以下的损失均将由其负责。下面列出的免赔额可以作为参考。

（一）人员伤亡部分

一般人员伤亡、伤害无免赔。

（二）物质损失部分

（1）地震每次事故免赔额：损失金额的 10% 或 50 万元人民币，两者以高者为准。

（2）火灾、爆炸每次事故免赔额：50 万元人民币。

（3）试车、调试、试运行期和保证期内每次事故免赔额：50 万元人民币。

（4）其他情况每次事故免赔额：20 万元人民币。

（5）若一次事故损失，适用多个免赔额时，则只适用最高的免赔额。

（三）第三者责任部分

（1）财产损失每次事故免赔额为：10 万元人民币。

（2）人身伤亡、伤害无免赔。

六、附加条款

工程保险主条款是针对工程项目建设中风险的共性问题，但每个工程项目都有其特点，因此设计附加条款可以对主条款进行补充，对标准条款进行一定的修正，使保险方案更适应不同工程项目的特点，也更加符合保险合同双方的要求。

下面对较为常用的附加条款进行介绍，在实际选择时，应根据项目特点合理选择不同的附加条款。

（一）设计师风险扩展条款

该扩展条款扩展承保因工程设计人员设计错误或原材料缺陷，或工艺不善引起的意外事故并导致其他被保险财产的损失。应当注意，受设计错误或原材料缺陷，或工艺不善直接影响的被保险财产本身的损失除外。

（二）罢工、暴动及民众骚动扩展条款

本扩展条款主要是针对罢工、暴动及民众骚乱风险的，分为两方面的责任：一是罢工、暴乱及民众骚动的行为人造成被保险财产的损失；二是合法当局在预防和制止上述行为过程中造成的被保险财产的损失。

当国家政治局势不稳定或项目所在地社会环境较为动荡时，投保人可以考虑增加此扩展条款，该条款一般需要设定单次事故赔偿限额及免赔额。

（三）清除残骸费用扩展条款

本扩展条款是针对损失发生之后可能产生的残骸和场地清理费用。由于环保要求的日益提高，炼化工程项目建设过程中对清理残骸的要求较高，发生的费用有时可能会很高，甚至超出损失本身，因此可以考虑扩展此条款。

（四）工程完工部分扩展条款

大型炼化工程由于装置众多，一般施工周期较长，在总工期结束前有些项目已部分完工且交付，但由于整个施工未结束，施工过程中发生意外事故可能对已交付项目造成损失，因此可以考虑扩展本条款。

（五）交叉责任扩展条款

本扩展条款针对的是第三者责任险部分，责任险中，保险人在根据保单赔偿了被保险人之后，就自动取得了代位追偿权，可以向有关责任方追偿。但是如果责任是在被保险人之间产生的，那么保险人可以拒赔。本扩展条款就是为了解决此类问题，它的实质就是视同保险人对每一个被保险人都签发了一张保单，可以避免相互之间索赔导致无法取得赔偿的情况。

七、特别约定

（一）工地外储存货物特别约定

工程保险保单中对于保险标的的地点有限制条件——工地范围内，但从炼化工程的实际出发，由于施工场地的条件限制，需要将部分用于项目建设的材料、设备等储存在工地以外的地方。

因此，可以在保险责任中特别约定增加"在工地外储存、组装或预制构件发生的损失"，用来保障保险事故造成的类似工地外储存货物的损失。

（二）保险事故的特别约定

由于国内保险业对何为事故没有统一的标准，故有必要对保险事故进行约定。为了更科学地保障业主的权利，可以约定炼化工程保险事故是指由一次事故所引起的单独一次或一系列灾害性财产损失或人身伤亡。需要注意以下两个方面的问题：

（1）对于由飓风、台风、龙卷风、风暴、冰雹等所导致的损失，"一次事故"应被理解为在合同的保险期限内的连续不可分割的72小时内，因上述同一种异常气候现象所导致或引起的持续发生的所有损失。

（2）对于由地震所引发的损失，"一次事故"应被理解为初次地震在合同保险期限内发生，由地震、火山活动、火山灰等同一异常的地壳运动导致或引发的、所导致的所有损失，包括首次地震和所有的余震。

第七章 炼化工程项目保险合同与索赔管理

第一节 保险合同过程管理

一、炼化工程项目保险管理机构[83]

目前，大型国企的石油企业一般由财务部门负责牵头保险管理，并设有专门的保险管理岗，但是一般是设岗不设人，属于兼职。与保险合同过程管理相关的部门还包括设计部、采购部、施工部、HSE 部等(图 7-1)。明确各个部门在保险管理工作中的职责划分，理顺相互之间的关系并建立起系统、高效的保险管理体系十分重要。

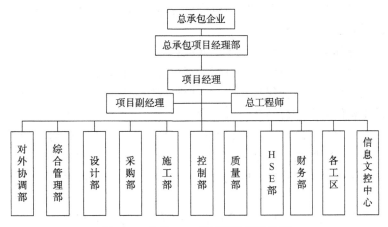

图 7-1 典型 EPC 项目部组织机构图

项目经理负责统筹整个项目的保险工作，负责项目保险原则的制定、保险公司的选择和具体方案的审批。

财务部是项目工程保险业务的主要管理部门，设置专门的保险岗，主要负责投保资料的审核、选择保险公司、参加与保险公司的谈判、审核保险合同的免赔额和费率、具体的工程保险投保、续保和撤保手续、保险合同签订后的维护、保险资料和档案的管理以及项目的保险索赔。

项目其他部门的负责人，诸如设计、采购、施工、项目控制、HSE 等主要负责协助合同管理工程师进行项目的保险管理，提供各险种投保、索赔所需的资料；出险后及时通知负责保险的合同工程师，及时施救，保护现场，并协助索赔。

二、工程保险合同的过程管理

业主或承包商一旦与保险公司签订合同后，就需要对合同的履行加强管理，以保证合同目标的顺利实现。然而，在实际操作过程中，某些被保险人并不像重视工程质量、成本、进度和安全等那样重视工程保险合同的管理工作。未按时缴纳保费，保险内容和期限发生变更后未及时通知保险人，严重时可能导致出险后无法顺利索赔，给被保险人造成了严重的损失。因此，被保险人必须做好保险合同的管理工作，以保证保险目标的实现。具体需要做到以下工作。

（一）按时缴纳保费

财务部具体负责缴纳保费，作为保险的牵头和归口管理部门，财务部有义务按时缴纳保费，使保险合同在保险期限内持续有效，需要注意以下问题：

（1）投保人必须按照约定的时间、地点和方法缴纳保费。如果未按合同要求缴纳保费，会带来严重后果：约定保费缴纳为保险合同生效要件时，保险合同将不能生效；保险人可以此为由要求投保人缴纳延迟利息，也可以中止保险合同。

（2）业主或承包商一方负责投保某险种，且另一方同时为被保险人，支付保费的一方应当向另一方提供支付凭证。

（3）若保费为分期支付，应当按照合同约定的支付节点缴纳保费。工程保险由于保险期限长、保险金额大，因此为减轻被保险人财务压力，一般保险人会允许被保险人以分期支付的方式缴纳保费。具体缴纳次数及时间节点需要保险人和被保险人共同商定。

（二）保险费的结算和调整

此项工作由财务部负责，需要注意以下问题：

（1）投保时工程未结束，所以一般按照工程概算总造价进行投保，保险费也仅仅是预收的暂定保险费。在工程结束时，保险人应当按照被保险人提供的工程结算总造价和约定的保险费率，对总的工程保险费进行结算，多退少补。

（2）若在保险期限届满之日前，工程终止或被保险人要求撤销保险合同时，保险人不能按照日比例计算未到期保险费，这是因为整个工程每个阶段的风险大小并不一致，有些工程环节风险高，有些工程环节风险低。因此，应当按照承保风险的实际情况对应收的保险费重新计算，然后退还未到期保险费。

（3）当保险期限届满而工程仍未结束时，被保险人要求延长保险期限。一般按照延长保险期限与原保险期限的比例来计算加收的保险费。若延长的保险期限较短且风险较小时，也可以与保险人协商不加收保险费。

（4）工程风险明显增大。风险增大的情况一般有两种：一是工程的施工环境恶化，造成风险增大；二是被保险人要求扩展某些保险责任，使保险人应承担的风险增大。不论哪种情况，保险人都应加收一定的保险费，加费的幅度按风险增大的程度确定，可以按统一收费标准收取，也可以按原保险费率的一定比例计收。

（三）工程保险合同变更管理

工程保险合同的变更主要是指在保险合同的存续期间，其主体、内容及效力的改变。工程保险合同中最为频繁的变更体现在合同内容和效力的变更上，由于在建工程具备的不确定性因素较多，如保险金额、保险期限、保险效力等，因此工程保险中往往采用批单的形式对合同变更进行确认。保险合同的变更管理需要注意以下几方面。

1. 主保额变更管理

炼化工程建设过程中，保险财产的实际价值是在不断变化的，在工程完工或工程建设合同终止时，在建财产价值达到最大。由于工程保险的保险期限一般较长，在工程的建设过程中工程的造价由于设计变更、建筑安装材料市场价格的变化、施工过程中采取的临时措施等导致工程量变化等。因此，在工程保险中，必须注意在保险合同执行的全过程中对主保额进行动态管理，以防止保额不足或工程未保等可能对被保险人产生不利的影响。

如果有新增工程，由业主负责投保时，承包商要尽快告知业主增加保额。在保险期限内，被保险人应随时报告工程进展，当工程造价超出原保险工程造价时，被保险人必须主动，尽快以书面通知保险公司。

2. 保险期限管理

工程施工合同是确定保险期限的主要依据，但在工程建设过程中，工期往往不能按合同规定的时间完成，会出现需要调整的情况。对于正常的因工期变化而需要对保险期限进行调整的，投保人要向保险人提出申请，并获得保险人的书面同意。

3. 保险效力管理

保险合同生效后，可能会由于某种原因而使合同效力中止，在此期间，如果发生保险事故，保险人不承担保险责任。但保险合同效力的中止并非终止，投保人（或被保险人）在一定的条件下，向保险人提出恢复保险合同效力，经保险人同意，保险合同效力即可恢复。

保险合同签订后，由项目财务部负责管理保险合同的各项变更，以保持保险协议的有效性。无论业主还是承包商投保，一方都应将变更及时通知另一方及其他被保险人；任何一方未经另一方同意，不应对任何保险的条件做出实质性变动。

（四）保险合同期间的风险管理

具体管理部门为 HSE 部。保险并不能保证所有损失都能得到赔偿，除外责任及免赔额以下的损失都由承包商自行承担，因此即使签订了保险合同，也不能放松风险管理，应当制定相应的防灾防损措施。HSE 部对于可能发生的风险事故，尤其是重大灾害性事故，应制定事故预防措施及应急预案，经项目经理批准后，交项目部各方负责人贯彻执行，并由 HSE 部负责检查、监督执行情况。

第二节　保险索赔管理

一、保险索赔的基本原则

保险索赔是被保险人行使权力的表现，指被保险人在发生保单中列明的责任范围内的损失后，双方按照保险合同的约定，由被保险人向保险公司申请经济赔偿的行为。它有以下基本原则：

（1）及时性原则。保险事故发生后被保险人应及时通知保险人，可以获得保险人的技术支持，防止事故损失进一步扩大。

（2）真实性原则。损失发生的原因可能较为复杂，被保险人与保险公司因各自利益角度不同，往往对事故发生的原因等持不同看法。索赔时，要根据损失的真实情况，客观地分析损失原因以及双方应负的责任。被保险人应当如实反映工程受损情况，合情合理地提出索赔要求，这样双方才能达成一致，索赔才能成功。

（3）协商性原则。炼化工程项目参建单位多、涉及面广、施工技术要求高，保险合同不可能对炼化工程建设过程中出现的所有损失情况进行约定，实际上又容易出现合同中没有规定的损失情况，投保人与保险公司因意见不同出现争议的情况时常发生。当出现保险责任界定无法确定时，双方应通过充分的协商达成一致，工程量协商应以现场测量、施工及监理日志记录的工程量为依据。

（4）合理性原则。损失补偿是保险合同的基本原则，也是被保险人进行索赔的目的，但是索赔补偿应该是合理的，被保险人应当根据实际损失提出索赔，不能脱离实际故意抬高索赔金额以获得额外利益，否则有可能造成索赔未果或索赔迟迟不能达成一致，造成工程项目无法及时获得索赔，从而影响工程建设进程。

（5）法律性原则。目前，中国保险市场行为规范化程度还有待进一步加强，某些保险公司可能存在不规范保险行为。在被保险人提出索赔请求时，保险公司可能故意拖延索赔进程，甚至是以不在保险责任范围内为由拒绝索赔。为解决此类纠纷，被保险人应当在实事求是的基础上，拿起法律的武器维护自身利益，使损失得到合理、及时的补偿。

二、保险索赔的基本流程

确定索赔人的一般原则是谁缴纳保费谁索赔，另一个原则是依据承包合同的规定，根据合同约定确定索赔人。由于工程保险涉及相关方较多，彼此权利与义务关系较为复杂，导致由谁索赔也变得复杂，为避免此类问题，在保险合同签订时，就应当确定发生各类事故后由谁来索赔的事项。例如，业主对工程项目进行了统一保险并缴纳了保费，若承包商发生保险事故，根据承包合同规定，一般是由承包商向业主进行索赔，此时业主应当向保险人进行索赔获得赔偿后，再赔偿承包商。

关于再保险的索赔问题，因为投保人与再保险人没有合同关系，若出现索赔事故，保险人赔偿被保险人后，会找再保险人进行分担。

（一）工程保险和施工机具保险索赔流程

根据炼化工程项目以往索赔数据统计，工程保险和施工机具保险索赔所占比重最高。目前，索赔过程存在以下问题：

（1）由保险公司规定索赔时需要提供的证据，若保险公司提出不恰当要求，投保人及被保险人并不了解，造成索赔时证据提供不足，保险公司以此为由拖延甚至拒绝索赔。

（2）主保额发生变化，投保人未及时通知保险人，造成索赔时无法获得全额索赔。

（3）索赔时由于责任不清、人员变动等造成出险后没有及时通知保险公司进行现场查勘，从而造成索赔材料及证据不足。

因此，被保险人必须做好索赔管理，明确索赔流程及各岗位职责，保证出险后索赔工作的顺利进行。

工程保险和施工机具保险索赔流程如图7-2所示。

1. 报案

此项工作一般由财务部负责。出险后承包商应当在第一时间通知业主；若是承包商与保险公司直接签订的保险合同，还应同时通知保险公司；若是通过保险经纪公司签订的保险合同，应当先通知经纪公司，由经纪公司负责向保险公司报案。

报案应当及时，出险后应尽快报案，但确因特殊原因无法在规定时间内报案时，被保险人应及时向保险人申请延期，并履行相关手续。报案可采取口头、书面、电话等形式，报案时应说明损失标的、时间、地点、部位、损失情况等。出险原因尚未明确时，不应盲目在报案时进行主观推测及答复，以避免对后续索赔工作带来不利影响。一般口头、电话报案后要递交正式的出险通知书。

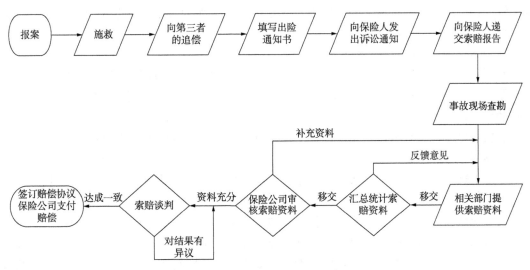

图 7-2 工程保险和施工机具保险索赔流程

2. 施救

此项工作一般由财务部、HSE 部共同负责。除及时报案外，应先行组织合理施救，避免损失进一步扩大，注意抢救前应留存好出险时的照片、录像和记录，作为损失情况的证据。合理的施救费用包含在保险赔偿责任范围内，因此施救时应做好相关记录，包括施救方式、施救材料、产生的费用等，作为施救费用索赔的依据。施救时应尽可能保留现场，以便保险公司进行现场查勘。

3. 向第三者的追偿

此项工作一般由财务部负责。若出险事故是由于第三者责任引发的，则被保险人通知保险公司后应当向第三者索赔，或先向保险人提出索赔，并以书面的形式向第三者提出索赔，保留追偿的权利。

4. 填写出险通知书

此项工作一般由财务部负责。被保险人按照保险公司约定的出险通知书格式，准确填写相关内容，按照约定方式，将书面出险通知书送达保险人；若通过保险经纪人签订的保险合同，还应同时报保险经纪公司。

5. 向保险人发出诉讼通知

此项工作一般由财务部负责。涉及第三者责任时，索赔过程可能会引起法律诉讼，此时，被保险人应当以书面形式提前通知保险人可能发生诉讼，同时将诉讼所需所有资料、证据一并报送保险人。未经保险人同意，被保险人不得向第三者索赔方做出任何赔偿、承诺、约定、拒绝等。

6. 向保险人递交索赔报告

此项工作一般由财务部牵头，相关方协助，若存在保险经纪公司，应由其负责。经被保险人或保险经纪人核定相关损失后，应当按照保险公司约定的索赔报告格式，填写相关内容，一般包括出险原因、出险经过、损失情况、损失清单、请求赔付金额等主要内容。

在保险索赔工作中，关键是索赔证据的收集。索赔证据资料作为附件附在索赔报告后面。一般保险人提供的单证包括：保险单或保险合同、补充保单等；证明受损财产属于保险

149

标的资料；出险证明；损失清单；处理和修复费用；涉及第三者责任还应提供伤残鉴定书或死亡证明文件等。

7. 事故现场查勘

此项工作一般由财务部牵头，HSE 部和施工部派人参加，如有保险经纪公司和指定公估公司，也应一同参加。HSE 部和施工部人员协助保险公司及公估公司进行现场查勘，主要查勘事故发生时间、地点、经过、施救情况，并对受损资产进行核实、清查，梳理保险财产及非保险财产，调查事故发生原因等。现场查勘结束后，查勘人员应编制查勘报告。

8. 索赔谈判

一般由财务部和合同部组成谈判小组，需要时也可以加入其他部门，在谈判时注意以下几点：

（1）谈判前的准备工作。根据工程实际情况及工程损失情况，由业主、监理工程师和施工单位组成谈判小组，必要时可邀请设计单位参加。参加谈判的人员首先根据保险单中的权利和义务责任划分，明确可以索赔的范围，收集相关索赔资料和损失证明材料，确保索赔谈判中需要的证明材料具有说服力。

（2）谈判的内容。索赔谈判的内容主要有两部分：一是保险事故责任的认定，依据索赔事件的事实情况来认定是属于物质损失保险责任，还是属于第三者责任；二是损失的核定，包括直接经济损失的核定、施救清理费用的核定、修复费用的核定及其他相关费用的核定。损失核定的顺序一般是先核定直接经济损失和施救费用，再核定修复费用，然后才核定其他相关费用。

同时，为了保险索赔顺利进行，被保险人还应考虑选择合适的保险中介。保险中介一般包括保险经纪人和保险公估人等。一旦风险事件发生，保险经纪人可以协助被保险人起草并发出索赔通知、收集并整理索赔资料、催付赔款等。在理赔谈判过程中，有经验的保险经纪人可以保证承包商被公正地对待，以便在保单的基础上获得更大限度的赔偿，提高索赔效率。

一旦索赔单证齐全，保险双方就赔偿金额达成一致，即可签订赔偿协议，保险公司按协议中明确的最终赔偿金额支付保险赔款。

（二）货物运输保险索赔流程

被保险货物因保险事故的发生而遭受损失后，被保险人应该按规定进行索赔。由承包商自行投保货物运输保险时，承包商需要了解货物运输险的保险索赔流程和索赔工作要点。国内和国外货物运输保险的索赔流程基本相同，如图7-3所示。

1. 向保险人发出损失通知

此项工作一般由项目财务部负责。发现损失后被保险人应立即向保险人或其代理人发出损失通知，若被保险人没有及时通知，保险人有权拒绝理赔，但如果有特殊原因，被保险人无法在规定期限内发出损失通知时，被保险人应及时向保险人申请延期通知。如有保险经纪公司，应先通知经纪公司，由其负责向保险公司报案。

2. 申请检查

此项工作一般由项目财务部负责。被保险人在向保险人发出损失通知的同时，也应向其申请货物检验。货物检验对查清损失的原因、审定责任归属是极其重要的，如果延迟检验，不仅会使保险人确定货损是否发生在保险期内，而且可能导致损失原因无法查明，影响索

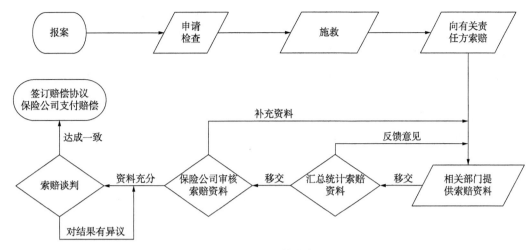

图 7-3　货物运输保险索赔流程

赔。特别是当被保险人在货物运抵最后仓库才发现货损时，被保险人应尽快通知保险人进行检验，确定是否发生在货物运抵最后仓库之前。

3. 施救

此项工作一般由项目采办部负责。对于已发现损失的货物，如果损失可能进一步扩大，被保险人应立即采取必要的措施防止损失扩大。这里的施救主要是指货物运抵目的地后的施救，在运输过程中的施救主要由承运人负责，被保险人要分摊相应的施救费用。如果被保险人收到保险人发出的采取防止和减少损失措施的特别通知，应当按保险人通知的相关要求处理，如果被保险人违反了上述规定而造成货物损失的扩大，保险人就该扩大的损失部分不负赔偿责任。

4. 向有关责任方索赔

此项工作一般由财务部牵头，采办部协助。所需资料为货差货损证明、被保险人向承运人的索赔函及承运人的答复资料。被保险人或其代理人在提货时若发现货物整件短少或外包装有明显的受损痕迹，或散装货物有残损，一方面应立即向保险人申请损失检验，另一方面应及时向有关部门索取货差货损证明，主要包括：记录货物损失情况并由承运人签字的理货报告；由装卸部门提供的货运记录。如果货物损失不明显，在提货后收货人才发现货物损失，也应立即将损失通知有关责任方，并向其追偿。

5. 提供索赔资料

提供索赔资料的目的在于证明被保险人索赔的事实真实，索赔金额可靠，便于保险公司理赔。各部门提供相关资料，财务部负责汇总收集；若有保险经纪公司，则应由保险经纪公司负责，项目各相关部门协助。

6. 索赔谈判

建议由项目财务部、采办部组成谈判小组，需要时也可以有其他部门加入，若有保险经纪公司，则应由保险经纪公司负责，项目各相关部门协助。在谈判时注意以下几点：

（1）谈判前需要认真准备，参加谈判的人员首先要根据保险单中的权利和义务责任划分，明确可以索赔的范围，收集相关索赔资料和损失证明材料，确保索赔谈判中需要的证明材料具有说服力。

（2）保险索赔谈判的内容主要有两部分：一是保险事故责任的认定，是属于保险责任还是属于第三者责任，这就需要谈判双方依据索赔事件的事实情况来认定；二是损失的核定，其中包括直接经济损失的核定、施救清理费用的核定、修复费用的核定，以及其他相关费用的核定；损失核定的顺序一般是先核定直接经济损失和施救费用，再核定修复费用，然后才核定其他相关费用。

（三）雇主责任险和团体意外伤害险索赔流程

雇主责任险和团体意外伤害险索赔流程如图 7-4 所示。

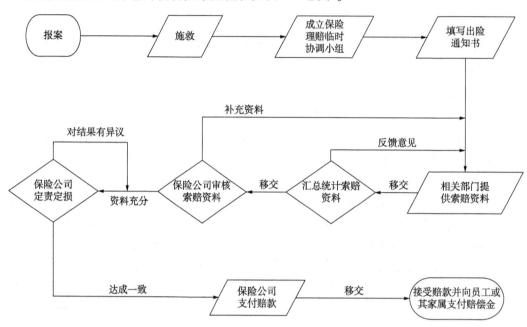

图 7-4　雇主责任险和团体意外伤害险索赔流程

此流程适用于公司统保的情形，此项工作主要由项目财务部、项目 HSE 部安全管理员负责。

出险后项目 HSE 部安全管理员应及时向项目财务部报告情况，由财务部通知保险公司或保险经纪公司。若事故涉及刑事案件，出险单位应马上向当地警方报案，同时保护现场，留存现场证据，协助当地警方破案。在当地警方查勘现场后，向其索要报案回执或类似证明。出险后项目部先行积极救助受伤害员工，在施救前保留现场影像等证据。发生人亡事故后，公司财务部门牵头，成立保险索赔临时协调小组，就理赔事项负责组织保险公司、出险单位及出险员工权利人之间的沟通、协调、谈判等工作。理赔完成后，临时协调小组解散。

总公司保险管理岗按照保险公司提供的空白出险通知书，填写相关内容，在协议或保单约定时间内将出险通知书送达保险人处。在尚未明确事故原因、详细过程等事项的情况下，出险通知书不要对事故进行定性，以免给后续索赔工作造成不利影响。

被保险人应按保险人的要求提供必要的损失证明文件，被保险人一旦按要求提供了损失证明文件，保险人须及时对损失情况进行保险责任认定和损失理算。

第八章 炼化工程项目事故及索赔案例

第一节 炼化工程项目事故案例

一、某炼化工程焊口开裂爆炸事故

(一) 事故经过

某日，某炼化企业装置在停产检修后开车时，二甲苯装置加热炉区域发生爆炸着火事故，导致二甲苯装置西侧约 67.5m 外的 607 号、608 号重石脑油储罐和 609 号、610 号轻重整液储罐爆裂燃烧(图 8-1)。4 月 7 日 16 时 40 分，607 号、608 号和 610 号储罐明火全部被扑灭；之后，610 号储罐于 4 月 7 日 19 时 45 分和 4 月 8 日 2 时 9 分两次复燃，均被扑灭；607 储罐于 4 月 8 日 2 时 9 分复燃，4 月 8 日 20 时 45 分被扑灭；609 号储罐于 4 月 8 日 11 时 5 分起火燃烧，4 月 9 日 2 时 57 分被扑灭。事故造成 6 人受伤(其中 5 人被冲击波震碎的玻璃刮伤)，另有 13 名周边群众陆续到医院检查留院观察，直接经济损失约 9457 万元。

图 8-1 爆炸后现场图

(二) 事故原因

1. 直接原因

在二甲苯装置开工引料操作过程中出现压力和流量波动，引发液击，存在焊接质量问题的管道焊口作为最薄弱处断裂。管线开裂泄漏出的物料扩散后被鼓风机吸入风道，经空气预热器后进入炉膛，在炉膛内被高温引爆，此爆炸力量以及空间中泄漏物料形成的爆炸性混合物的爆炸力量撞裂储罐，爆炸火焰引燃罐内物料，造成爆炸着火事故。

2. 间接原因

(1) 该炼化公司安全观念淡薄，安全生产主体责任不落实，重效益、轻安全；工程建设质量管理不到位，对施工中的分包、无证监理、无证检测未及时发现。

(2) 该炼化企业工艺安全管理不到位。二甲苯单元工艺操作规程不完善，未根据实际情况及时修订，操作人员工艺操作不当产生液击；工艺联锁、报警管理制度不落实，解除工艺联锁未办理报批手续；试生产期间，事故装置长时间处于高负荷甚至超负荷状态运行。

（3）施工单位违反合同规定，未经业主同意，将项目分包给某设备安装有限公司，质量保证体系没有有效运行，质检员对管道焊接质量把关不严，存在管道未焊透等问题。

（4）分包商施工管理不到位，施工现场专业工程师无证上岗，对焊接质量把关不严；焊工班长对焊工管理不严；焊工未严格按要求施焊，未进行氩弧焊打底，焊口未焊透、未熔合，焊接质量差，埋下事故隐患。

（5）监理有限公司未认真履行监理职责，内部管理混乱，招收的监理工程师不具备从业资格，对施工单位分包、管道焊接质量和无损检测等把关不严。

（6）检测有限公司未认真履行检测机构的职责，管理混乱，招收12名无证检测人员从事芳烃装置检测工作，事故管道检测人员无证上岗，检测结果与此次事故调查中复测数据不符，涉嫌造假。

（三）安全提示

（1）严格按照规定选择工程服务承包商、设备材料供应商；建立良好的工程质量监督机制；在施工过程中，强化对各施工队伍的管理，严格执行项目及公司的质量管理制度，严把质量关，从源头上杜绝隐患的发生。

（2）严格控制进场材料的检测检验，做好关键工序的质量控制，重视机械完工验收工作。

（3）避免在节日期间进行生产调整，尤其是装置开停车和检修施工。

（4）炼化生产装置发生危险化学品大量泄漏，应快速采取切断措施，避免物料的大量泄漏，并启动紧急停车系统，机泵断电、加热炉（锅炉）熄火。

（5）事故放空及紧急停车系统应定期检查是否处于完好状态。

二、某炼化工程减压炉爆炸事故

（一）事故经过

某日下午，某石化公司炼油厂二套常减压蒸馏装置检修后开车，17时10分，减压炉点火时，发生爆炸事故。事故造成3人死亡、1人重伤、5人轻伤，炉壁及框架严重损坏，减压炉整体损毁报废。事故直接经济损失45万元。

（二）事故原因

1. 直接原因

减压炉点火前，司炉工没有关闭炉区全部阀门，致使瓦斯泄漏到减压炉内，形成爆炸性气体，在点火时发生爆炸。

2. 间接原因

（1）没按规定取样分析。在对瓦斯进行采样分析过程中，违反操作规程，瓦斯没到炉前即安排取样，是造成这起事故的重要原因。

（2）漏插盲板。减压炉点火前，装置的高压瓦斯系统串入低压瓦斯系统的盲板漏插，是造成这起事故的主要原因。

（3）减压炉引风机、鼓风机未开。减压炉点火前，作业人员未按规定，开引风机、鼓风机。

（4）开工方案存在漏洞。二套常减压蒸馏装置开工方案编制内容不全，严重缺项，方案中未附盲板表。

（5）未按规定进行吹扫、贯通和试压。装置开工前，在对装置的高压瓦斯系统扫线、贯通、试压过程中，车间人员工作严重失职，没有进行认真吹扫、贯通和试压，未发现高低压瓦斯连通阀有开度，同时也未按操作规程的规定，对低压瓦斯系统进行扫线、贯通。

（6）厂、车间管理松懈。二套常减压蒸馏装置检修后交生产开车，在方案不落实、培训不到位、人员缺岗的情况下，匆忙开车，致使开车过程中漏洞百出。

（三）安全提示

（1）安装加热炉可燃气体自动报警仪，保证本质安全。

（2）制定加热炉采样分析和点火时间技术规程。

（3）加强装置开停工方案的复核审查与落实检查，特别是对瓦斯系统、临氢系统、热油系统及氮气系统等进行严格排查，强化盲板管理，切实执行操作程序与工艺卡片，做到按规程办事，责任落实到具体人员。

（4）加强安全技术培训，落实危险操作环境、事故多发环节的安全管理与监督职责，提高全员的安全技能和自我防范意识。

三、某炼化工程污水提升池闪爆事故

（一）事故经过

某日，某石化公司计划对安装的 P02A 泵进行单机试运。11 月 28 日，某建筑工程公司联系并协调炼油厂做 P02A 泵单机试运工作，并安排 3 名现场作业人员负责该项工作，分别是张某（安装技术员）、刘某（电气技术员）、边某（钳工）。在该项作业中，炼油厂负责对污水提升池事故泵 P02A 进行流程贯通操作。在接到施工单位单机试运通知后，炼油厂生产调度室主任罗某会同安全环保科工程师刘某找到脱硫装置操作班长李某，对外部贯通条件、启泵前的工艺和冷却水系统进行检查确认。

当时，污水提升池液位为 3.73m，外部贯通条件、工艺流程和冷却水系统已经落实，满足启泵基本要求，于是李某安排人员办理用电票，9 时 45 分电动机送电完成。施工单位电气技术员刘某现场启动了 P02A 泵。该泵试转 5～7min 后，李某发现泵出现振动，并伴有异常杂音，于是命令刘某紧急停泵，但发现无法现场停泵，便喊在附近巡检的黄某去变电所通知停电，电气操作员范某、李某在变电所内切断了电动机电源。该泵停运约 1min 后，现场发生闪爆，造成 2 人死亡、1 人轻伤。

（二）事故原因

1. 直接原因

P02A 泵在试运中轴瓦破碎，使轴套和轴瓦研磨产生高温，点燃了泵轴防护罩内的残油，进而引爆了污水池内的油气。这是事故发生的直接原因。

（1）可燃气体分析。根据现场调查，事故前的污水来自加氢精制装置分馏部分，油运期间先后投用原料增压泵、重沸炉进料泵、柴油出装置泵、石脑油回流泵、汽提塔底、分馏塔底及分馏塔回流罐 7 个排污点，装置脱水时设有专人监护，未发生跑油现象。污水中含有石脑油和柴油，在污水池中累计形成油膜漂浮于污水上层，进入污水池中的液体温度为 40～60℃，而石脑油和柴油的闪点分别为 −38～35℃ 和 45～90℃，所以污水池中应存在石脑油和柴油蒸气，闪爆事故证明了可燃气的存在，且已经达到爆炸极限。

（2）助燃物。空气通过污水池上盖通气孔、泵房地面的 4 个小方孔进入污水池中。

（3）点火源。闪爆前，泵 P02A 运转了 5~7min，11 月 30 日该石化公司对泵进行了认真的解体检查。现场情况表明，P02A 泵轴套磨损非常严重，大约有 2mm 深的划痕，轴瓦（石墨瓦）已全部破碎，泵轴套有发"蓝"迹象，这表明泵轴套在运行中出现了过热高温情况。后经机械方面专家论证，泵在运转过程中轴发生摆动，致使轴瓦破碎，轴套和轴瓦研磨产生高温（专家鉴定其温度达 700℃ 以上），点燃了泵下油气混合物，发生着火。

（4）闪爆过程分析。P02A 轴套和轴瓦研磨产生高温，点燃了泵轴防护罩内的残油。火源经泵下区域窜入污水池中部区域，引爆了存留在中部的油气。

2. 间接原因

（1）建筑安装工程有限公司未按要求完成设备安装工作，致使配套的污水池未与主体工程同时中交，在含有可燃气体环境下组织单机试运工作，试运过程中由于电气安装不合格，运行中发现异常，泵未能及时停运下来，导致事故发生。这是事故发生的重要原因。

（2）设备运行管理存在缺陷。该泵在首次投用时，施工单位在没有通知泵厂家的情况下，直接启动污水提升泵，使得在投用该泵时出现机械故障未及时发现，进而引发事故扩大。

（3）污水池及污水提升泵设计存在缺陷，没有考虑在可燃气体存在的条件下，当泵自身出现机械故障发热或发出火花时能够引爆周围环境中可燃气体的危害。

（4）炼油厂对装置配套设施和辅助单元开工重视程度不够，对作业中可能出现的安全风险认识不足，没有识别出污油池可能散发可燃气体的危害性，对作业现场作业安全条件确认和启动前安全检查不系统，没有及时制止施工单位在该环境下单机试车作业。

（5）炼油厂在新装置开工生产指挥管理上存在脱节。炼油厂生产科在确认污水输送外部贯通条件具备后，生产调度室主任罗某在车间设备管理人员未抵达现场情况下，会同厂安全环保科工程师刘某和当班班长李某进行启泵前的工艺和安全条件确认工作。

（三）安全提示

（1）从设计方面对污水池进行重新设计。

① 对污水提升池进行重新设计，在原有污水提升池内设置一个小水池，保证在正常生产工况下将含油污水通过提升泵连续送出装置至 440# 污水处理装置，尽量减少含油污水在污水池内的停留时间，减少油气挥发量，避免可燃气体聚集。小水池设置低液位联锁、高液位报警。装置事故状态下，事故水通过小水池溢流进大的污水池，然后通过提升泵送出装置至 450# 污水事故池。

② 对提升泵进行重新设计，由长轴液下泵改为液上泵，将污水提升泵的设计位置由提升池上方移到污水提升池外部，与提升池保持一定安全距离，避免转动设备和电气设备与可燃气体直接接触。

③ 对污水提升池顶盖结构重新进行设计，采用弱顶结构，污水池顶部设置两个呼吸阀并增设阻火器。同时在提升池周边适当位置增设独立避雷设施和静电消除设施，以保证提升池防雷和防静电安全要求。

（2）从管理上加强对工程项目建设及开工过程安全管理。

① 加强设计审查，邀请专家对污水池及提升泵设计中存在的疑问或隐患进行技术论证，

深入进行风险识别和评价，消除设计中存在的隐患。

② 加强供应商和物资采购管理。严格审查供应商资质，强化资源市场管理，对各类新材料和新设备的使用应充分进行论证，严把物资采购质量关，对采购的物资实行质量联检制度，推行"使用单位、施工单位、采购单位、监理单位和施工主管部门"五方联检制度，对特殊设备的采购实行驻厂验收和驻厂监造管理，确保产品质量符合现场安全运行要求。

③ 强化承包商安全管理，严格落实承包商准入制度，严把承包商队伍资质准入关、安全合同关、HSE业绩关、人员素质关、现场监督关、施工管理关，不符合规定和条件的一律清除现场。严格执行项目中交和试车制度，不具备条件不能进行中交和验收，深入做好"工程交生产、生产交检修、检修交生产"三个界面安全管理，积极做好"三查四定"工作，及时发现问题并进行整改，消除遗留安全隐患。

④ 加强新装置或新设施试生产管理，认真执行启动前安全检查管理规范，对新装置或新设施投用前进行安全检查，新设备试运行前必须安排厂家进行现场技术指导，投用时属地单位设备管理人员要亲自负责，各直线责任部门和人员确认检查合格后，方可投用新装置或新设施。

（3）加强工艺安全管理，严格落实生产受控制度。

① 严格控制上游装置排污，减少含油污水的排放，建立上下游联动机制，发现问题及时处理，减少污水中的油含量和污水停留时间。

② 对加氢三车间正在开车的三套装置立即安排退守到稳态，强化生产现场和工程建设现场的安全管理，保证现场安全监督力量。

④ 对操作规程和操作卡进行修订完善，在每个操作步骤前增加工艺安全风险提示和操作风险提示，使各生产装置风险管理与实际工作更加有机结合。

（4）强化风险管理，提高全员安全意识。

① 对公司现行运转同类设备进行系统排查，并组织专家进行技术论证，对存在隐患的设备进行彻底整改，保证本质安全。

② 组织专业人员对公司新建装置开展HAZOP评价工作，系统排查工艺安全隐患，提高装置本质安全度。

③ 深入开展全员"风险识别大排查"和"操作规程回头看"活动，从岗位员工、班组、车间到厂逐层进行排查，重点排查工艺设计、岗位操作、装置管理、上下游联系等方面，制定整改措施，教育员工提高安全意识。

四、某炼化工程设计、施工留隐患干燥器爆炸事故

（一）事故经过

某日，某石化烯烃厂聚乙烯车间新生产线零点班接班，零点班值班班长生病，但未向车间领导请假，擅自让聚合班班长代理值班班长。接班时生产正常。

6时40分，当班人员发现聚乙烯新、老生产线反应速率下降。6时50分，老生产线悬浮液接收罐高压联锁停车，新生产线聚合反应速率继续下降，聚合班长立即向车间副主任报告，车间副主任让聚合班长向调度报告并询问是否乙烯原料出现问题，调度说正在检查原因。聚合班长等人一边等候调度指令，一边调整反应并开始减少投料量。

7时20分左右，车间副主任向聚合班长询问现场情况。此时，新生产线悬浮液接收罐

压力迅速上升，达到联锁动作值，新生产线联锁停车。聚合班长立即让3名操作工去现场关手阀。7时25分，3人到达现场，发现悬浮液接收罐泄漏，立即向车间主控室报告，聚合班长听后立刻奔向现场，当其离开主控室不足1min时，现场发生爆炸。事故造成8人死亡，1人重伤，18人轻伤。

（二）事故原因

1. 直接原因

聚乙烯新线聚合釜反应不正常，未聚合的乙烯单体进入悬浮液接收罐11305X中挥发，系统压力升高。由于安装在11305X上下管道上的两个DN200mm的玻璃视镜是伪劣产品，因而发生破裂，致使大量的乙烯气体瞬间喷出，弥漫整个厂房空间，从厂房上部窗户溢出的乙烯气体被设置在该处的引风机吸风口吸入沸腾干燥器内，与聚乙烯粉末、热空气形成的爆炸混合物达到爆炸浓度，被聚乙烯粉末沸腾过程中产生的静电火花引爆，发生爆炸。

2. 间接原因

（1）采购环节存在严重问题。

事故发生的直接原因是新线悬浮液接收罐连接在管线上的视镜破裂造成的。视镜设计的公称压力为2.5MPa，实际在0.5MPa时就发生破裂。事故调查表明，在视镜采购环节上存在许多问题。视镜的生产厂家采购单上是北京某阀门厂，实际上该厂根本不生产视镜，而是该厂的业务员（事故后已逃逸）从温州某个经销点购买的，该视镜是由上海郊区一个小厂生产的，该厂根本没有检验手段，无法鉴定其产品是否合格。更为恶劣的是，事故发生后，业务员让上海另一个玻璃制造厂出具了一个假产品合格证书。

另外，事故调查组也发现，到货的视镜没有产品合格单（只有一个检验单，检验的项目、压力单位等也不对）。其实，只要产品的订货、验货人员认真负责，就会发现这些问题的。这说明物资采购人员存在严重失职行为。

（2）工程施工管理混乱。

安装打压试验是确保工程施工质量的一个重要环节。事故发生后，打压单位找不到原始记录，施工的监理方也拿不出原始记录，向事故调查组出具的打压记录是施工队伍编造的，可见在施工管理上何其混乱。施工方不认真管理，甲方有关工程人员在没有对打压进行监督的情况下，也在编造的打压报告上签了字。

聚乙烯新线改造是交钥匙工程。按规定应该由施工方向甲方按"中交表"详细交代施工中的各种基础资料；设计方向甲方交代包括工艺规程、操作法等基础资料，接受甲方的审查。而实际变成由甲方各职能部门帮助乙方进行检查，乙方一些基础资料根本不向甲方说明，甲方各职能部门只能看到一些表面现象，替乙方承担责任。业主和承包商地位倒置。

（3）工艺、生产管理不严肃。

工艺控制是防止事故发生的一个非常重要的手段。这次事故的起因是聚合反应不好，而且是老线、新线在同一时间反应不好。这个车间历史上聚乙烯装置多次发生过聚合反应不好，但没有查出具体原因。因为没查清原因，所以当这次反应不好时，也就拿不出对策来。

另外，新线的操作规程也与实际工艺不符，操作规程上规定干燥系统采用氮气法，而实际上采用的是空气法，由此可见，在生产管理、工艺管理上是极不严肃认真的。

事故调查发现，从22日9时40分到23日7时20分，不到24小时内装置就3次停电，新老线聚合停车3次、降负荷4次、其他系统停车3次。一个装置的生产如此不稳定，频繁地停车，本身就潜藏着事故隐患，这表明生产指挥调度方面还存在着诸多问题。

（4）工程设计和设计管理方面不规范。

事故还暴露出在设计上存在着很多问题。如11305X的安全阀开启压力为0.58MPa，而老线11305的安全阀开启压力为0.3MPa，如果在0.3MPa时安全阀就起跳的话，视镜很可能不会破碎。设计人员违反HGJ501~502—1986《压力容器视镜》标准规定的视镜最大直径为150mm，最大公称压力为0.8MPa的要求，擅自选择直径为200mm，公称压力为2.5MPa非标的视镜。另外，厂房是封闭的，这也不符合国家《石油化工企业防火设计规范》。还有沸腾床引风机的入口设置在聚合釜厂房的上方，本身位置就选择错误。这些都说明了设计人员在设计时对安全重视程度不够，素质不高。

在设计管理上的问题也是十分突出的。聚乙烯新线原设计的干燥系统是氮气干燥，并在此基础上进行了安全评价，可实际上在干燥系统改为空气后，并没有进行安全评价。这说明负责技术改造的人员和设计单位，都没有认真执行"三同时"的规定。

（5）劳动纪律松散，员工责任心不强。

22日至23日，装置几次停电，多次降负荷，就是在如此不稳定的情况下，值班班长不请假，只是向上班值班班长电话通知一声就不上班了；当班员工有的还在洗澡。

（6）用工管理不严，技术培训等有差距。

事故造成了8人死亡，其中4人是临时工；重伤的1人也是临时工，还有1名临时工受了轻伤。装置生产区域内逗留如此多的临时工，说明在劳动管理上还存在着诸多问题。

聚乙烯新线的一名员工技术考核只有38分，在没有进行补考的情况下，这名员工竟仍然可以上岗操作。

（三）安全提示

（1）加大工艺纪律、劳动纪律、操作纪律和安全生产秩序的检查力度。公司质量安全环保处、人事劳资处与二级单位、生产装置三级检查队伍多次分头检查，使生产基础管理有了明显的改善。公司还严格按照《员工奖惩条例》的标准处罚个别员工的违规违纪行为，已有2名员工因触犯《员工奖惩条例》被解除劳动合同。通过强化规章制度对员工行为的约束权威，广大员工的遵章守纪意识有了明显的增强。

（2）加强安全生产合同管理，发挥"三级安全监督"体系的作用。公司与岗位员工都签订了安全生产合同；与工程服务单位签订安全生产合同。在此基础上，公司切实发挥"三级安全监督"体系的作用，强化事故隐患治理，消除设备缺陷，做到超前预防；加强事故管理，对任何事故必须严格按照"四不放过"❶原则查出责任人，对"三违"❷或失职造成重大事故者一律按合同约定解除劳动关系。

（3）强化工程项目的管理，制定了《基建工程管理办法及责任追究制度》。公司成立了工程竣工验收委员会，强化了工程质量监督和验收环节；同时制定了《物资采购办法及质量追究制度》，严格把住物资进入的质量关。

（4）加强了设计环节的管理。公司要求新建、改建、扩建工程项目的主管部门，必须认真执行"三同时"❸的规定。

---

❶国家对发生事故后的"四不放过"处理原则具体内容为：事故原因未查清不放过；责任人员未受到严肃处理不放过；事故责任人和广大员工没有受到深刻教育不放过；事故制定的防范措施未落实不放过。

❷安全生产中的"三违"是违章指挥、违章操作、违反劳动纪律的简称。

❸"三同时"指必须与主体工程同时设计、同时施工、同时投入生产和使用。

（5）加强生产现场管理，确保安全平稳生产。公司全面推行 HSE 管理体系，严格落实以安全生产责任制为核心的各项规章制度；切实加强了检维修、用火、临时用电等危险作业管理，实行全过程责任人挂牌监督和责任追究制度；大力开展"创零事故工厂"活动；坚持生产、设备、安全等专业处室人员 24 小时值班的制度，生产现场出现异常，专业管理人员立即赶赴现场与现场员工进行处理。

五、某炼化工程罐区管线泄漏火灾爆炸事故

（一）事故经过

某日零点班开始，某石化公司合成橡胶厂 316 岗位开启 P201B 泵外送 R202（裂解碳四储罐）物料，同时接收来自石油化工厂烯烃装置产出的裂解碳四。此时，其余 2 个碳四储罐：R201 罐内储存物料 291m³，R204 罐检修后未储存物料。7 日 15 时 30 分，根据生产调度安排，停送 R202（罐内当时有物料 230m³）物料，并从烯烃装置接收裂解碳四（接收量约6t/h）；R201 物料打循环。

17 时 15 分左右，316 岗位化工三班操作工王某按班长指令到罐区检查卸车流程，准备卸丁二烯槽车。当王某走到罐区一层平台时，突然发现 R202 底部 2 号出口管线第一道阀门下弯头附近有大量碳四物料呲出，罐区防火堤内弥漫一层白雾，便立即跑回控制室，向班长孙某汇报。

17 时 19 分，班长孙某向合成橡胶厂调度室报告，称 R202 底部管线泄漏，请求立即调消防车进行掩护，并同时安排岗位操作人员关闭 R202 底部第一道阀门，随即孙某带领操作工谢某、马某、丁某等全班人员到现场查看处理，同时安排王某负责疏散 4 号货位等待卸车的丁二烯槽车。与此同时，与罐区邻近的石油化工厂丙烯腈焚烧炉和 1 号化污岗位人员分别向石油化工厂调度报告，称橡胶厂 316# 罐区附近有大量白雾，泄漏及扩散速度很快。

17 时 22 分，班长孙某再次与调度联系，报告 R202 底部物料大量泄漏，人员无法进入。17 时 24 分，泄漏物料沿铁路自备线及环形道路蔓延至石化厂丙烯腈装置焚烧炉区，遇到焚烧炉内明火后引起燃烧，外围火焰在迅速扩张后回烧至橡胶厂 316# 罐区，8s 后，达到爆炸极限的混合爆炸气在 316 球罐区附近发生空间闪爆。闪爆冲击波造成罐区部分罐底管线断裂，大量可燃物料泄漏燃烧。冲击波造成石油化工厂 F1/C、F1/D（拔头油罐）气相线断裂，部分铁路槽车移位。辐射热造成球罐区西侧丙烯丙烷罐区中 F2/A（丙烯）、F3/A（丙烷）顶部液位计上法兰根处泄漏着火，并形成稳定燃烧。由于消防队及时予以冷却保护和隔离，丙烯丙烷罐区未发生爆炸，F1/A、F1/B 得到有效保护，未发生着火爆炸。

碳四泄漏后蔓延至常压罐区，常压罐区内同时发生空间闪爆，冲击波使其中部分罐的部分管线断裂，罐内物料外泄，在围堤内形成池火蔓延。辐射热先后引燃相邻的 F8/A（甲苯罐）、F5（重碳九罐）、F10（裂解油罐），辐射热使其临近的管线变形断裂，造成系统管线物料泄漏。由于消防水的冷却降温，在 F9/A、F10 东边形成的水雾墙使火势得到控制，阻止了火灾向东边罐组扩延，有效保护了 F9/A（正己烷）、F14（抽余油）、F8/C、F12（轻碳九）等储罐的安全。

17 时 23 分，消防支队指挥中心接调度通知，要求消防车到 316# 罐区对泄漏现场进行掩护后，立即派车到 316# 罐区进行消防监护，消防车行驶到石油化工厂大门口时，听到第一次爆炸声。17 时 24 分，消防指挥中心接到报警电话，立即指派公司全部消防力量迅速出警

灭火。公司立即启动重特大事故应急预案，公司领导及相关部门人员及时赶赴现场，组织开展抢险灭火工作，按照应急要求，立即对周边装置紧急停工，并对 316#罐区物料系统进行了隔离。根据现场火情及时请求市消防支队进行增援。同时，公司消防队按照预案对燃烧储罐实施冷却控制火势，对 R206、F1/A、F1/B、F9/A（正己烷）、F14（抽余油）、F8/C、F12（轻碳九）罐等未燃烧储罐进行强制性冷却保护隔离，同时对罐区周边公用工程管廊、火炬管网、铁路槽车和汽车槽车实施隔离冷却，4 小时后火势得到有效控制，避免了事故进一步扩大。

经过努力，事故明火于 1 月 9 日 14 时 10 分熄灭，事故得到完全控制。为确保工艺处理安全，防止轻组分物料挥发造成次生事故，留存丙烯丙烷罐区一处明火，确保残余物料控制燃烧，通氮气及蒸汽保护，最后明火于 1 月 13 日 2 时 56 分自燃熄灭。事故共造成 6 人死亡、1 人重伤、5 人轻伤。

（二）事故原因

1. 直接原因

（1）该石化公司合成橡胶厂 316#罐区 R202 底部 2 号出口管线第一道阀门后管线弯头突然失效，碳四物料大量泄漏，汽化后的物料沿铁路自备线及环形道路蔓延至距罐区北侧约 80m 处的石油化工厂丙烯腈装置焚烧炉，遇到焚烧炉内明火后引起燃烧，随后在 316 球罐区附近引发空间闪爆。这是事故发生的直接原因。

（2）R202 底部管线弯头失效原因为：弯头材料存在内在缺陷，其延展性和冲击韧性不符合国家标准，长期低温及荷载变化引起疲劳和材料低温脆性，这是造成开裂的直接原因；介质的泄漏对开裂口的冲刷以及温度和塌压等原因，导致开裂部位继续撕裂，引起局部塑性变形减薄。

2. 间接原因

（1）车间压力管道管理缺失，专业管理人员工作失职。某月，合成橡胶厂对 316#罐区的 R203 至 R207 储罐所属管线进行了检测，检测结果表明，5 具储罐底部管线存在"管线弯头处壁厚不合格，且腐蚀较严重"的现象，均判为四级，并将 R201 至 R204 罐底部管线更换计划列入该年 6 月的检维修计划，但是具体实施中只对 R201 罐底部管线进行了更换。9 月30 日，碳四车间设备管理人员齐某、王某、刘某在检修计划未完成的情况下，进行了工程验收，并办理了验收单和竣工决算，造成本应更换的管线未能得到及时更换。设备管理人员在明知检修计划没有全面实施的情况下，事故发生后，上述车间管理技术人员均认为 R202罐底部管线在 20××年进行了更换，暴露出专业管理人员严重失职。

（2）应急处置不到位。橡胶厂 316 岗位的 R201 罐底部管线泄漏的应急预案中明确要求："当储罐底部管线发生泄漏时，应关闭相关阀门；停止装卸车作业；联系提高消防水压力；打开备用罐阀门，准备接料；进行顶水作业；打开消防水幕；必要时放火炬。"岗位操作人员在发现管线泄漏后，尽管岗位操作人员进入现场进行处置，但由于碳四物料在短时间内泄漏量大，罐区内大量白雾，人员进入困难。当班岗位员工未能按照应急预案进行关阀、顶水、打开事故喷淋装置和切换备用罐等应急处置，从而使物料大量泄漏及蔓延，最终导致了事故的进一步扩大。调度人员应急意识不强。橡胶厂调度接到岗位裂解碳四泄漏的电话后，没有迅速认识到泄漏可能产生的严重后果，未及时采取有效的应急协调和处理。石化厂调度接到三次异常情况汇报电话，没有及时和橡胶厂调度联系。在异常情况下，员工缺乏必要的应急意识，没有采取充分的预警，分厂与分厂间、装置与装置间应急联动不及时、不通畅。

（3）本质安全存在缺陷。316#罐区球罐建于19××年×月，未安装远程切断系统。事故发生时由于碳四浓度高，罐区防火堤内碳四汽化后呈雾状弥漫，人员进入罐区困难，无法及时关闭R202罐底部阀门，致使物料大量泄漏，无法控制。

（4）罐区布局不尽合理。316#罐区建于20世纪60年代，储罐数量多，单罐容积小，物料品种多，装卸量大，造成岗位人员较多，罐区南侧建有火车和汽车装卸车栈桥，两个操作室距邻近罐区约30m。R202罐泄漏后，可燃物料迅速扩散至操作室及临近罐区，闪爆造成人员较大伤亡及火势扩大。

3. 管理原因

（1）基层单位基础管理薄弱。车间专业技术人员业务素质不高、责任心不强，对负责的装置工艺流程不熟，不能及时掌握管辖区域内的生产、设备状况，没有履行属地化管理和岗位安全生产职责。由于碳四车间设备主任岗位变动和设备管理人员体弱多病，设备管理人员对316#罐区的压力管道管理不到位，2008年和2009年再未对检修计划进行跟踪检查落实。该修未修，缺陷未及时消除。

（2）生产工艺管理存在薄弱环节。对长期备用管线没有采取有效隔断措施。R202罐底部2号出料管线自2008年8月小碳四抽提装置停工后长期备用。为防冻保温，该送料系统自罐根部第一道阀至防火堤处阀门一直未采取关闭阀门、加装盲板等有效隔断措施。

（3）隐患排查不彻底。车间专业技术管理人员不能按照设计规范排查现场隐患，排查存在死角和盲区。橡胶厂在2007年7月申报的316#罐区隐患项目建议书为"316#罐区碱罐利用"。2009年11月申报的316#罐区隐患项目建议书为"增加罐区照明、装卸车天桥防腐、消防喷淋电磁阀更新和消防井渗水整治"。对316#罐区面向有爆炸、火灾危险区域的操作室仍设置玻璃门窗，球罐未设紧急切断阀等隐患，不符合防火设计规范，车间没有及时进行申报，相关部门也未及时发现。

（4）培训教育不到位，员工操作及应急能力差。316#罐区虽然作为该石化公司重点部位进行管理，但作为橡胶厂而言属于辅助性装置，暴露出各项管理比较薄弱。尤其是员工年龄偏大，事故发生班组平均年龄51岁，并且班组5人当中有3人属于转岗员工，公司虽然进行了转岗前的培训，但事故暴露出员工操作能力和事故应急能力存在差距，反映出公司在员工培训方面针对性差，实效性不足，培训工作存在薄弱环节。

（5）专业管理存在薄弱环节。公司及橡胶厂机动、生产、安全、人事等专业管理部门在生产管理、工艺管理、设备管理、巡检管理、现场管理、培训教育等方面存在薄弱环节，未能完全履行部门管理职责，安全责任制未完全落实，监督检查力度不够，管理标准不健全，工作标准不高，管理要求不严，专业管理存在"短板"，突出表现在制度和规定的执行力不强，专业管理粗放，未能及时发现和处理316#罐区设备、生产、应急、现场及基础管理存在的问题。

（三）安全提示

（1）召开公司干部大会和安全生产工作会议，进行传达部署，切实做好事故后的各项工作。围绕继续稳定炼油化工生产、停车装置的复工工作、冬季安全生产大检查和隐患排查等工作，做实、做细安全生产工作。

（2）全面检查"作业和操作要受控"的执行情况。继续狠抓反"三违"工作，严格检查"六条禁令"❶及"作业和操作要受控"执行情况，全力抓好新版操作规程的培训工作，提高操作技能，确保每一次生产作业和现场操作活动受控。基层班组要利用班后会或班组安全活动的机会，播放典型事故录像片，分析炼化企业由于作业和操作不受控甚至失控导致的典型事故案例，对照自身的作业和操作，查找问题，分析原因，逐步养成"作业和操作要受控"的良好习惯。

（3）组织开展以"痛思教训、扎扎实实打基础，严字当头、重塑形象显风范"为主题的全员大讨论活动。在组织干部员工认真学习领会集团公司《关于加强安全环保工作的紧急通知》以及集团公司领导重要指示和讲话精神的基础上，从公司、分厂、车间、班组等层面，分层分级组织全体员工开展为期3个月的大讨论活动，深刻分析该起火灾爆炸事故发生的深层次原因，特别是干部员工在思想认识、价值观念、工作作风、行为习惯等方面存在的差距和问题，制定措施认真加以整改。通过大讨论活动，汲取事故惨痛教训，使各级干部和广大员工从灵魂深处受到深刻教育，使企业管理中存在的突出问题得到切实解决，干部作风进一步改进，员工队伍思想认识更加统一，把从严要求、从严管理落到实处，消除"低标准、老毛病、坏习惯、老好人"现象，使企业安全生产的基础更加牢固。

（4）以应急演练为抓手，深入推进安全主题活动。针对此起事故暴露出基层单位员工安全技能不高、应急能力差等突出问题，围绕公司"学规程、反'三违'、抓演练、全员管"安全主题活动方案，以反"三违"和抓演练为重点，积极开展各项主题活动，全面夯实企业安全管理基础。

（5）全面开展隐患和薄弱环节排查整治活动。认真开展三个方面的大排查活动：由公司安全环保处牵头，组织开展安全隐患全面排查，分级梳理，落实责任，抓好整改，使各类安全隐患及早发现、及时消除；由企管处牵头，逐级分析排查管理上的薄弱车间、薄弱班组和薄弱人员，分级组织专业处室、专业干部进行有针对性的帮助整改，促进公司整体管理水平的提高；由生产技术处和机动处负责，分析查找专业管理上的薄弱环节，特别是生产管理、工艺管理、设备管理、巡检管理、现场管理上存在的问题，从专业管理上消除不安全因素。特别是要加强制度的宣贯培训，在提高执行力上下功夫，使全体干部员工认真学习制度、熟练掌握制度、自觉遵守制度，坚决按制度规定和操作规程操作，真正形成制度管事、制度管人、制度管安全的局面。通过三项查找整治活动，在全公司上下掀起排查隐患、查找短板、抓住薄弱环节、加强专业管理的高潮，做到问题找得准、薄弱环节抓得住、整改措施落实到位，对建于20世纪60年代的球罐底部阀门及管道全部进行更换，到期的压力容器及管道及时进行检测，严禁超期使用，对于公司重点部位储罐设置远程控制系统，不断提高装置的本质安全。

（6）加强员工培训和预案演练。根据员工队伍的实际情况，科学制订培训计划，确定培训内容，把系统培训和日常培训结合起来，坚持不懈开展安全教育。加强对员工的岗位培训，全面开展岗位练兵活动，坚持实行"双百"考试上岗，使员工熟练掌握岗位操作技能，掌握安全生产应知应会基本知识，切实增强员工安全生产意识，提高安全生产素质。把提升

---

❶安全生产"六条禁令"：严禁特种作业无有效操作证人员上岗操作；严禁违反操作规程操作；严禁无票证从事危险作业；严禁脱岗、睡岗和酒后上岗；严禁违反规定运输民爆物品、放射源和危险化学品；严禁违章指挥、强令他人违章作业。

员工安全技能和应急处理能力作为安全培训的核心，进一步完善事故应急预案，有针对性地加强预案演练、HSE体系培训和安全知识专题培训，努力提升员工保障安全的能力。

（7）开展岗位安全责任制大检查。此次事故暴露出部分单位安全责任未完全落实，部分员工安全意识及技能有待进一步提高，要求各单位针对本次事故教训，由各单位领导亲自带队，编制岗位安全责任制检查表，并逐项落实。组织进行公司范围内的安全生产责任制检查，切实提高企业各项工作管理水平。

（8）加强对各级干部的教育和管理。加强学习教育，提高认识，使各级领导班子和领导干部牢固树立以人为本、科学发展的理念，树立正确的世界观、政绩观和利益观，正确认识以人为本和严格管理的关系，关爱员工与完成规定动作、实现受控管理的关系。严字当头，下决心处理那些不负责任、不敢管理、不严格管理的干部，处理那些自由散漫、不让管、不服管的人员，形成严格管理、严格要求、严格规范、严格执行的良好氛围，把集团公司"安全第一、环保优先、质量至上、以人为本"的理念落实到企业生产经营管理的各个环节。

第二节　某炼化工程火灾爆炸索赔案例

一、投保信息

（一）保险险种
安装工程一切险（含第三者责任险、工程保证期保险）。

（二）保险期限
自20××年3月15日0时起至20××年4月30日24时止。

（三）赔偿限额
每次事故3亿元人民币，年度累计3亿元人民币。

（四）免赔额
1. 适用于工程物质损失
（1）地震导致的损失：200万元或每次事故损失金额的20%，以高者为准。
（2）火灾、爆炸导致的损失：10万元或每次事故损失金额的5%，以高者为准。
（3）其他风险导致的损失：2万元或每次事故损失金额的5%，以高者为准。
（4）试车风险：30万元或每次事故损失金额的10%，以高者为准。
2. 适用于第三者责任
（1）造成第三者财产损失：每次事故免赔额为1000元人民币。
（2）造成第三者人身伤害：不设免赔。

（五）保险责任
（1）在本保险期限内，若本保险单明细表中分项列明的保险财产在列明的工地范围内，因本保险单除外责任以外的任何自然灾害或意外事故造成的物质损坏或灭失（以下简称"损失"），本公司按本保险单的规定负责赔偿。

（2）对经本保险单列明的因发生上述损失所产生的有关费用，本公司亦可负责赔偿。

（3）本公司对每一保险项目的赔偿责任均不得超过本保险单明细表中对应列明的分项保险金额以及本保险单特别条款或批单中规定的其他适用的赔偿限额。但在任何情况下，本公司在本保险单项下承担的对物质损失的最高赔偿责任不得超过本保险单明细表中列明的总保险金额。

（六）扩展条款

（1）设计师风险扩展条款。

（2）扩展责任保证期条款（12个月）。

（3）清理残骸费用条款（赔偿限额：500万元）。

（4）专业费用条款（赔偿限额：500万元）。

（5）灭火费用条款（赔偿限额：100万元）。

（6）特别费用扩展条款（赔偿限额：500万元）。

（7）空运费扩展条款（赔偿限额：500万元）。

（8）工地外仓储物特别条款。

（9）公共当局扩展条款。

（10）场外修理扩展条款。

（11）赔偿基础条款。

（12）工程图纸、文件特别条款。

（13）转移至安全地点特别条款。

（14）急救费用条款。

（15）工地访问条款。

（16）交叉责任扩展条款。

（17）震动、移动或减弱支撑条款（赔偿限额：1000万元）。

（18）意外渗漏及污染条款（赔偿限额：1000万元）。

（19）时间调整特别条款（72小时）。

（20）地域调整特别条款（50km）。

（21）第一赔款受益人条款。

（22）损失理算人条款。

（23）工程完工财产保险条款。

（24）罢工、暴乱及民众骚乱扩展条款。

（25）地下炸弹扩展条款。

（26）预付赔款条款（50%）衣帽间条款。

（27）放弃代位求偿扩展条款。

（28）自动恢复保险金额条款。

（29）错误与遗漏条款。

（30）违反条件条款。

（31）保单注销条款（保险人提前90天，被保险人提前30天）。

（32）保护现场条款。

（33）停工损失扩展条款。

（34）不可控制条款。

其中，（14）至（18）单独适用于第三者责任部分；（19）至（34）同时适用于物质损失、第三者责任、工程保证期部分。

（七）特别约定

（1）工程监理人责任约定：本保险扩展承保保险财产因本工程监理单位的无意过失或疏忽引起的意外事故并导致保险财产的损失而发生的重置、修理及矫正费用。

（2）保险金额及保险费调整约定：兹经双方同意，本保险单明细表物质损失部分项下保险金额是根据工程概算确定的预计保险金额。待工程完成后，根据工程决算调整保险金额。被保险人应在本保险单列明的保险期限届满6个月内向保险人申报最终工程保险金额。如本保险单项下第一部分被保险工程决算金额的变动幅度(不含工期内新增项目)小于等于预计保险金额的±20%，保险人同意不再根据工程决算金额调整保险费；如变动幅度(不含工期内新增项目)大于预计保险金额的±20%时，双方同意对超出预计保险金额部分的保险费进行相应的调整。

（3）扩展承保测试及试运行约定：兹经双方同意，本公司不仅承保试运行期间，保险财产因除外责任以外的自然灾害和意外事故造成的损失，包括但不限于火灾、爆炸、泄漏等。而且扩展承保作为保险财产的机器及装置在测试及试运行期间，因下列原因造成的财产损失：

① 安装错误；

② 施工人员操作错误、缺乏经验、技术不善、疏忽、过失、恶意行为；

③ 离心力引起的断裂；

④ 超负荷、超电压、碰线、电弧、漏电、短路、大气放电、感应电及其他电气原因造成的物质损失；

⑤ 设备、机械装置失灵造成的本身损失；

⑥ 机械故障。

（4）工程保证期保险责任范围的约定：无论项目是否运营，保险责任依据本保险条款及其扩展条款责任范围为准，包括但不限于设计错误、原材料缺陷、工艺不善导致的除本身损失之外的直接物质损失，以及操作失误导致的直接物质损失、意外事故或自然灾害造成的直接财产损失。

（5）预防措施约定：兹经双方同意，如果保险财产发生了实际损失(或即将发生损失，但需事先通知保险人并取得其认可)，保险人将负责支付为了防止、降低或减少本可在本保险单项下获得赔偿的此类损失而产生的必要的、合理的费用。

（6）周转性材料约定：兹经双方同意，本公司扩展承保被保险人施工过程中所涉及的脚手架、模板、模具等周转性材料。在发生保险责任范围的保险事故时，本公司负责赔偿受损周转性材料计划摊销金额的未摊销部分的损失。

二、事故经过及施救

某日，某炼油化工企业罐区轻污油罐突然发生爆炸，造成本罐、相邻的柴油罐、加氢柴油原料罐、邻近柴油管线、蒸汽热水管线以及厂区内泡沫站、泵房和辅助用房的门窗玻璃受损。

现场工作人员积极进行施救，关闭6个进料阀门，并通知火警，火警随即赶到，由两个消防队、六部消防车对着火的油罐进行扑灭以及给邻近油罐喷淋降温。当天×时×分着火油罐被扑灭，约1小时后工厂相继恢复生产。

三、现场查勘及损失情况

事故发生后，公估师赶赴现场，迅速开展查勘工作，对该次事故索赔损失进行了全面查勘，并记录了现场情况，报案和损失情况属实。

（一）轻污油罐损失情况

发生爆炸的本罐为内浮外拱顶轻污油罐，罐高 15.85m，直径 14.7m，钢板厚度 6～7mm，罐容 2000m³。罐顶平台由于爆炸完全脱离、旁梯变形开裂，脱离罐体、罐壁上半部分有明显变形痕迹、罐壁底部与基座连接处变形，有脱离迹象，内浮盘变形破碎。

（二）加氢柴油原料罐损失情况

由于轻污油罐发生爆炸，拱顶被炸飞出，直接撞击加氢柴油原料罐拱顶与罐壁连接处，造成连接处约 4m 下陷变形、罐顶一侧护栏变形、罐壁上层消防水管变形、消防泡沫管线断裂、冷却喷淋管线变形。

（三）柴油管线及蒸汽热水管线

由于轻污油罐发生爆炸，拱顶被炸飞出，最终坠落在邻近蒸汽与柴油管线上，造成蒸汽管线、凝结水管线弯曲变形 15m，柴油管线弯曲变形 15m，管线保温层损坏面积 125m²。

（四）泡沫站、泵房和辅助用房的门窗玻璃

由于轻污油罐发生爆炸，拱顶被炸飞出，最终坠落在蒸汽与柴油管线上，厂区内泡沫站、泵房和辅助用房的门窗玻璃受损。

现场部分查勘图片如图 8-2 至图 8-5 所示。

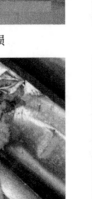

图 8-2 轻污油罐受损

图 8-3 加氢柴油原料罐受损

图 8-4 管线受损

图 8-5 门窗玻璃受损

四、事故原因

（一）直接原因

1. 可燃物——轻污油罐内存在的轻烃组分

轻污油罐内存在的组分主要为柴油、汽油、石脑油和轻烃，罐内物料温度超过混合物闪点，挥发出大量可燃气体。

2. 助燃物——在浮盘上下空间内均存在空气介质

事故发生前轻污油罐液位53cm，液位已远低于浮盘起伏区间。浮盘落于支腿上，液位继续下降时浮盘上方的空气通过浮盘呼吸阀、密封及其他未密封位置进入浮盘与油面的气相空间。轻污油罐开始正常进油后，大部分气相通过浮盘呼吸阀、密封及其他未密封位置排出，但在浮盘下方浮筒间仍存在气相空间，进油过程中未排出的空气与挥发出的可燃气体混合，形成爆炸性混合气体。

3. 点火源——沉降静电引爆混合气体

地下污油罐泵出口至事故轻污油罐管线无伴热，为防止管线冻凝，从泵出口给氮气往事故罐吹扫防冻。氮气给气线在泵出口，管径DN20mm，氮气压力为0.8MPa。由于氮气的进入，致使物料进入罐后呈翻腾状态上升。物料进入油层时，油中包罗着水珠，当物料通过约3.9m油层时，水珠与油接触形成偶电层，当水珠与油做相对运动时，水珠与油就带上相同符号的电荷，这一机理称为"沉降起电"。水珠翻腾到上部后，会形成水泡。其中，一些水泡会在"翻腾"的作用下积聚到一起。由于"水泡"是被油包罗，所以处于绝缘状态，称为孤立导体。聚集在一起的气泡孤立导体会把油品沉降起电的电荷收集到其本体上。在翻腾作用下的带电气泡孤立导体移动到接地导体附近时，如浮盘下部浮筒、雷达液位仪的立管等接地导体，就会发生静电火花放电，其放电电荷转移量要大于0.1μC，放电能量大于0.26mJ，该放电能量足以点燃0.2~0.26mJ油气。

浮盘与油面间的空间比较狭小，内部空间的可燃气体浓度达到爆炸极限范围，当遇静电火花放电的点火源时，发生闪爆。由于空间存在部分氮气，氧含量相对较少，空间内部分油品处于类似"阴燃"状态。由于浮盘与油面间的空间油品燃烧缓慢，持续5~6min，窜至浮盘孔洞(如浮盘防旋钢丝导向口处等)时，火焰通过孔洞窜至上部空间，引燃了浮盘上部空间爆炸性混合气体，出现了第二次爆炸，该爆炸力经事后计算约相当于3392tf，导致罐顶飞出、导向钢丝绳断裂、浮盘粉碎性破坏。

（二）间接原因

1. 设计方面

据专家意见，全厂的轻污油回收宜设置两级闪蒸回收流程，即所有排污污油先进入带压地下轻污油罐，然后经过一次闪蒸后的污油再进二次常压闪蒸罐，能有效减少轻烃组分被携带进入污油回收后系统，而原设计基本上均采用一次闪蒸。且原设计所有地下污油罐无脱水设施，所有凝结水只能与污油一并送往事故罐再脱水，造成事故罐中污油含水过多。

2. 操作方面

（1）事故储罐液位超出工艺卡片控制，工艺卡片控制液位要求在2000~12000mm之间，事故发生前储罐液位最低运行至530mm，导致空气进入浮盘下方空间。

（2）工艺卡片控制罐温要求在40℃以下，事故发生前储罐温度最高40.7℃，可燃气体挥发量增加，为事故发生埋下了隐患。

3. 管理方面

（1）风险识别不到位。由于常压装置污油罐至事故储罐工艺管线无伴热线，外输污油内含水量较高，冬季为防止管线冻凝，使用氮气连续吹扫防冻，但对风险未进行充分识别，对氮气进入内浮顶罐易造成油气携带到浮盘上方及产生静电等危害识别、认识不足。

（2）对工艺系统排入地下污油罐带水管理不到位。

五、定责定损

（一）定责

根据保险协议中安装工程一切险条件明细：

（1）扩展承保测试及试运行约定。兹经双方同意，本公司不仅承保试运行期间，保险财产因除外责任以外的自然灾害和意外事故造成的损失，包括但不限于火灾、爆炸、泄漏等。而且扩展承保作为保险财产的机器及装置在测试及试运行期间，因下列原因造成的财产损失：

① 安装错误；

② 施工人员操作错误、缺乏经验、技术不善、疏忽、过失、恶意行为；

③ 离心力引起的断裂；

④ 超负荷、超电压、碰线、电弧、漏电、短路、大气放电、感应电及其他电气原因造成的物质损失；

⑤ 设备、机械装置失灵造成的本身损失；

⑥ 机械故障。

（2）工程保证期保险责任范围的约定。无论项目是否运营，保险责任依据本保险条款及其扩展条款责任范围为准，包括但不限于设计错误、原材料缺陷、工艺不善导致的除本身损失之外的直接物质损失，以及操作失误导致的直接物质损失、意外事故或自然灾害造成的直接财产损失。

结合上述事故原因分析：火灾、爆炸、设计错误、工艺不善属于保险责任，故此次事故属于保险协议中约定的保险责任范围。

（二）定损

被保险人索赔 300 万元，其中包括油罐损失、内存燃油损失、部分附属设施损失、部分管道变形损失、周边生产设施损失、周边房屋窗户损失等。

核算依据：现场查勘情况及收集的影像资料，相关的设计图纸等数据记录；后期收集的有关预算定额，费用定额，定额单价表及上级主管部门的有关文件、规定等资料；专家支持；保险人、被保险人、公估公司共同沟通协商结果。核算结果见表 8-1。

表 8-1　定损与理算结果

核 算 项 目	金 额 （元）
事故罐修复费用	898808
事故罐旁被砸罐体修复费用	49000
被砸管线修复费用	10000

核 算 项 目	金 额 （元）
冬、雨季施工增加费	6071
计划利润	25723
税金部分	9418
核损金额合计	999020
免赔额	100000
最终理算金额	899020

最终核定理算金额为 899020 元，无残值，经保险人、被保险人、经纪人及公估人共同确认，受损的保险标的属于保险协议约定的责任范围，保险人就此次事故向被保险人进行赔偿。

第三节　某石化企业台风致码头工程受损索赔案例

一、投保信息

（一）保险险种
建筑安装工程一切险（含第三者责任险）。

（二）保险期限
自 20××年 3 月 2 日 0 时开始至 20××年 9 月 30 日 24 时止。

（三）赔偿限额
第三者责任部分每次事故的赔偿限额为 2 亿元人民币，其中人身伤害赔偿限额为 50 万元/（人·次）。

（四）免赔额
物质损失部分因台风、洪水每次事故绝对免赔额：100 万元人民币或损失金额的 20%，以高者为准。

第三者责任部分财产损失每次事故免赔额为 10 万元人民币。

二、事故经过

某日下午，第 19 号强台风"天兔"来袭，并带来严重影响。此次强台风中心距事故发生地陆地最短距离仅 40km，至台风中心偏离该县经度时间长达 10 小时，当天下午 4 时县境内 14 个镇风力均达 12 级以上，其中有 7 个镇风力达 15～17 级。此次台风给该石化企业重油加工工程成品油码头及原油码头带来重大损失。

三、现场查勘及损失情况

本次"天兔"台风致该石化企业大面积受损，受损标的主要涉及原油码头、产品码头及两个码头施工的临时设施，分别为办公区、生活区和预制厂，被保险人进行了全力抢险与施救。事故发生后，公估师赶赴现场，迅速开展查勘工作，对该次事故索赔损失进行了全面查勘，并记录了现场情况，报案和损失情况属实。现场部分查勘图片如图 8-6 至图 8-9 所示。

图 8-6　办公区板房受损

图 8-7　集装箱房被吹毁

图 8-8　龙门吊被吹倒

图 8-9　码头扭王石被冲移动

四、事故原因

本次事故由第 19 号强台风"天兔"造成，属于自然灾害。

五、定责定损

（一）定责

本次事故因台风造成，属于自然灾害，按照保险合同，因自然灾害导致该石化企业原油、产品码头受损，属于相应保单项下承保责任范围。

（二）定损

被保险人索赔金额合计为 43246962 元。

索赔过程：依据被保险人提供的相关材料，同时结合现场查勘情况，确定损失数量，再通过市场询价得到每个种类的受损标的单价，便可计算标的受损金额。本次事故物质部分适用免赔为损失金额的 20%，第三者责任部分适用免赔为 10 万元。核算结果见表 8-2。

表 8-2　定损与理算结果

序号	索赔方	核损金额（元）	残值	免赔	理算金额（元）
一、物质损失					
1	原油码头 EPC 项目部	582265.49	19983.37	20%	449825.70
2	产品码头 EPC 项目部	5843490.23	43305.10	20%	4640148.10

序号	索赔方	核损金额（元）	残值	免赔	理算金额（元）
	小　　计	6425755.72			5089973.80
二、第三者责任部分					
1	产品码头 EPC 项目部	705727.38		400000.00	
	小　　计	705727.38		400000.00	
三、金额合计					
	合　计	7131483.10			5489973.80

注：第三者责任部分定损金额为705727.38元，考虑到免赔及被保险人应付的相应责任，按400000.00元作为第三者责任部分的理算金额。

该次事故发生在保单有效期内，属于建筑安装工程一切险（含第三者责任险）保单项下相关保险责任范围，最终核损金额为7131483.10元，理算金额为5489973.80元，保险人应按照理算金额进行赔偿。

第四节　某炼化工程污水场沉降受损索赔案例

一、投保信息

（一）保险险种

建筑安装工程一切险。

（二）保险期限

自20××年2月28日0时开始至20××年11月20日24时止。

（三）赔偿限额

保险金额/每次赔偿限额：1880085.55万元。

（四）免赔额

地震每次事故免赔额200万元或损失金额的10%，以高者为准，最高不超过800万元；

暴雨、暴风、洪水每次事故免赔额100万元或损失金额的10%，以高者为准，最高不超过400万元；

其他情况每次事故免赔额25万元或损失金额的5%，以高者为准，最高不超过200万元。

二、事故经过

20××年12月，工程业主方接到施工方的情况报告，称在建的污水处理场建、构筑物沉降不满足设备安装要求，无法进入下一道工序，并请示下一步如何处理。业主方将此情况上报到炼油厂工程管理部，工程管理部要求继续观测是否影响施工、确认沉降是否稳定以及是如何发展的。次年2月初，工程部根据观测数据确认沉降不能满足设计图纸及规范要求，并于2月28日继续复测一次并向保险人报案。

三、现场查勘及损失情况

该炼油在建污水场工程现场，格栅间一个，隔油池、调节罐、事故水罐各两个，均发生不同程度不均匀沉降，沉降值不符合设计规范要求，不满足设备安装要求，无法进入下一道工序施工。公估师现场查勘部分图片如图 8-10 至图 8-13 所示。

图 8-10　格栅间现场沉降情况

图 8-11　隔油池现场沉降情况

图 8-12　污油罐现场沉降情况

图 8-13　罐区围堰开裂

四、事故原因

该炼油厂区发生较大沉降及不均匀沉降的主要原因为：

（1）填土地基含水量增加，是发生较大沉降及不均匀沉降现象的主要外因。

场区的初勘、详勘、场平土方工程、强夯处理及检测、大部分基础建设在该地区近 50 年降雨量最低的年份完成。干旱期土工试验指标比较高，导致设计使用参数不准确，实际施工期间这个阶段内勘查所得到的土层特性指标与正常年份的土层特性有较大差异。而从 20×× 年开始，该地区降雨量较过去 50 年明显增加，场区内部及周边地下水条件发生变化，地下水位大幅上升；

（2）填料中遇水软化的黏性土是产生不均匀沉降的主要内因之一。

土层主要由红黏土和砂岩风化后形成的黄白色黏土构成，同时大部分填土含角砾及碎石，母岩多为白云岩、粉砂岩及少量硅质岩组成，力学性质差异较大。局部红黏土具有弱膨胀性，分布不均匀。土体具有干强度高、干后易收缩、结构不稳定、手捏易分散的特点。强夯后裂隙分布较多，浸水后强度急剧降低，具有明显的湿化软化特性。

（3）填土厚度较大且分布不均是造成不均匀沉降的内因之一。

（4）原状土层中不均匀分布的软弱土层，特别是③-1 层有机质黏土，在填土、构筑物荷载下也会发生沉降及不均匀沉降现象。

五、定责定损

(一) 定责

依据项目保险单条款关于保险责任的约定："在保险期间内，本保险合同分项列明的保险财产在列明的工地范围内，因本保险合同责任免除以外的任何自然灾害或意外事故造成的物质损坏或灭失，保险人按本保险合同的约定负责赔偿"。责任免除(二)约定："自然磨损、内在或潜在缺陷、物质本身变化、自燃、自热、氧化、锈蚀、渗漏、鼠咬、虫蛀、大气(气候或气温变化)、正常水位变化或其他渐变原因造成的保险财产自身的损失和费用"。

该次事故系由于地基基础沉降导致的，属于渐变原因致损。本案保险责任一直存在争议，后经保险有关各方多次磋商、沟通，普遍倾向于将本次事故中财产损失和费用分为两部分考虑：一部分是地基基础沉降导致的地基基础自身的损失和费用；另一部分是由于地基基础沉降导致地上建(构)筑物开裂、变形、倾斜及设备设施受损而产生的损失和费用。根据以上保险条款约定，因地基基础沉降造成的地基基础自身的损失和费用属于保单除外责任范畴，但因此造成的地面上其他建(构)筑物及设备设施的损失和费用不在除外之列。

(二) 定损

事故发生后，被保险人委请具有相关资质的勘察、设计、施工单位出具了维修报价，并就此向保险公司提出索赔，要求赔偿全部维修费用，索赔金额 188119235.12 元。公估师根据现场查勘确定的损失情况，结合保单承保情况、维修实际需要及索赔资料提交情况，核定实际损失。该理算过程依据保险相关原理，基于现有资料核减了新增项目费用和技术改进性能提高相关项目费用；因被保险人未提供技术改进前项目原始预结算信息，故未能考虑该部分费用。

参照保险经纪人提供的投保明细，剔除了未投保的临时设施费、土方工程相关费用、大型机械进出场及使用费，以及外墙浮雕涂料、油漆等相关费用；残值方面，将脚手架、依附斜道、防护架、高压风管、浇灌运输道材料费予以核减，模板使用摊销按可使用 10 次核减，最终理算结果如下：

实际损失合计 8043917.56 元，残值金额合计 196532.75 元。

虽然该案(实际损失-残值) = 8043917.56 元-196532.75 元=7847384.81 元，但考虑到本案保险责任的特殊性，保险双方均认为本案具备协商结案的基础。"基于保险双方就本案保险责任商讨达成的共识，以及被保险人提供的索赔申请和相关索赔材料具体情况，经保险人、被保险人协商一致，同意按照 4500000.00 元作为本次事故的最终及全部的保险赔偿金。"据此，本案(实际损失-残值)金额最终核定为 4750000.00 元(免赔额 25 万元)。

免赔额：根据保单约定，其他情况每次事故免赔额 25 万元或损失金额的 5%，以高者为准，最高不超过 200 万元。

本案(实际损失-残值)×5% = 4750000.00 元×5% = 237500.00 元，低于 25 万元，故本案适用免赔额为 25 万元。

理算金额：(实际损失-残值)-免赔额 = 4750000.00 元-250000.00 元=4500000.00 元。

参 考 文 献

[1] 杨启明，马欣.炼油设备技术[M].北京：中国石化出版社，2016.

[2] 王金鹏，王新平.世界炼化技术进展和我国炼化科技发展建议[J].石油科技论坛，2017(2)：12-19.

[3] 徐海丰，朱和.2017年世界炼油行业发展状况与趋势[J].国际石油经济，2018，26(4)：67-72.

[4] 杨上明.中国炼油工业应加快转型升级步伐——从镇海炼化看中国炼油工业转型升级发展路径[J].国际石油经济，2015，23(5)：22-26.

[5] 李雪静.炼油行业发展四大新趋势[J].中国石化，2017(2)：24-27.

[6] 费华伟，陈蕊.2017年中国炼油工业发展状况与趋势[J].国际石油经济，2018，26(5)：42-48.

[7] 孙德心.我国企业全面风险管理流程设计浅析[J].内蒙古统计，2009(5)：33-34.

[8] 龚菊华，都浩.石油化工企业如何加强HSE管理[J].当代化工，2011，40(2)：153-156.

[9] 王晓红.为石油企业保险[J].中国石油石化，2012(13)：47-51，46.

[10] 朱文龙.我国建设工程保险现状与发展[J].环球市场信息导报，2016(5)：34-34.

[11] 韦星，谢建平，石锋.大型石化项目工程管理模式探讨[J].化工管理，2018(8)：151-153.

[12] 丁军.项目管理——建设监理发展的彼岸[J].建设监理，2011(8)：5-12.

[13] 罗毅.论PPP项目模式的规范性[J].建筑与预算，2018(12)：16-21.

[14] 季书耘，李新.浅论石化工程建设项目管理模式[J].中国石油和化工标准与质量，2018，38(1)：68-69.

[15] 陆敏.大型石化工程建设项目管理模式分析探讨[J].化工与医药工程，2017，38(3)：55-58.

[16] 锁海滨，何承海，胡兢克.大型炼化建设项目管理工作探讨[J].石油工程建设，2012，38(2)：60-64，87.

[17] 周帅平.中石油炼化工程建设管理模式的选择与实施[D].首都经济贸易大学，2013.

[18] 金坤，乔宁，魏文君.大型石化工程建设项目管理模式研究[J].化工管理，2013(22)：11-12.

[19] 金庆贵.中国石油海外工程项目管理模式探讨[J].企业家天地下半月刊：理论版，2010(3)：217.

[20] 吴穹.安全管理学[M].北京：煤炭工业出版社，2002.

[21] Sharman Lichtenstcin. Factors in the selection of a risk assessment method[J]. Computer & Security, 1998, 15(5)：401-422.

[22] 朱敬涛，赵文超，窦立宝，等.道(DOW)化学指数法在环境风险评估中的应用[J].甘肃环境研究与监测，2003(3)：242-243.

[23] 周经纶，龚时雨，彦兆林.系统安全性分析[M].长沙：中南大学出版社，2003.

[24] 姜春明，赵文芳.HAZOP风险分析方法[J].安全健康和环境，2006(6)：35-37.

[25] 顾祥柏.石油化工安全分析方法及应用[M].北京：化学工业出版社，2001.

[26] 国家安全生产监督管理局.安全评价[M].3版.北京：煤炭工业出版社，2005.

[27] National Academy of Science. Risk Assessment in Federal Government：Managing the Process[M]. Washington DC：National Academy Press, 1983.

[28] US EPA. Guideline for Carcinogen Risk Assessment[J]. CFR, 1986(185)：2984.

[29] 国家安全生产监督管理局.危险化学品安全评价[M].北京：中国石化出版社，2003.

[30] 魏新利，李惠萍，王自健.工业生产过程安全评价[M].北京：化学工业出版社，2003.

[31] 刘铁民，张兴凯，刘功智.安全评价方法应用指南[M].北京：化学工业出版社，2005.

[32] 文理，孙超平，杨正道.试析我国风险管理的理论研究和应用现状[J].科技导报，2003(10)：27-30.

[33] 周宜波.风险管理概论[M].武汉：武汉大学出版社，1992.

[34] 沈建明.项目风险管理[M].2版.北京：机械工业出版社，2010.

[35] 丁香乾，石硕. 层次分析法在项目风险管理中的应用[J]. 中国海洋大学学报：自然科学版，2004（1）：97-102.

[36] 陈志敏. 高技术计划项目的风险评估体系[J]. 西安交通大学学报：社会科学版，2008，28（3）：49-52.

[37] 赵雷，屠文娟. 集成 FAHP/FCE 的中国 PPP 项目风险评估[J]. 科技管理研究，2011（2）：80-83.

[38] 胡芳，刘志华，李树丞. 基于熵权法和 VIKOR 法的公共工程项目风险评估研究[J]. 湖南大学学报：自然科学版，2012，39（4）：83-86.

[39] 陈斌，王松江. 基于霍尔三维结构的水利水电项目风险研究[J]. 山西财经大学学报，2012（S1）：1-30.

[40] 李烨，陈立文，曹晓丽. 基于生命周期理论的酒店地产项目风险评估研究[J]. 江苏商论，2011（2）：32-34.

[41] 吴宗之，高进东，魏利军. 危险评价方法及其应用[M]. 北京：冶金工业出版社，2001.

[42] Klein-J H. An approach to technical risk assessment[J]. International Journal of Project Management. 1998，16（6）：345-351.

[43] 曲和鼎，王恒毅. 安全软科学的理论与应用[M]. 天津：天津科技翻译出版社，1990.

[44] 冯肇瑞. 安全系统工程[M]. 2 版. 北京：冶金工业出版社，1993.

[45] 周尊山. 牟平港散装液体化学品储运安全评价初探[D]. 大连：大连海事大学，2001.

[46] 顾祥柏. 石油化工安全分析方法及应用[M]. 北京：化学工业出版社，2001.

[47] 伍良. 城市燃气事故风险评估研究[D]. 福州：福州大学，2001.

[48] 汪元辉. 安全系统工程[M]. 天津：天津大学出版社，1999.

[49] 沈斐敏. 安全系统工程理论与应用[M]. 北京：煤炭工业出版社，2001.

[50] Klein J H, Cork R B. An approach to technical risk assessment[J]. International Journal of Project Management，1998，16（6）：345-351.

[51] Paul R, Garvey P R. Risk matrix: an approach for identifying, assessing, and ranking program risks[J]. Air Force Journal of Logistics，1998，25：16-19.

[52] Robert L K Tiong, Jahidul Alum. Financial commitments for BOT projects[J]. International Journal of Project Management，1997，15（2）：73-78.

[53] Dorota Kuchta. Use of fuzzy numbers in project(criticality)assessment[J]. International Journal of Project Management，2001（19）：305-310.

[54] Serguieva Antoaneta, Hunter John. Fuzzy interval methods in investment risk appraisal[J]. Fuzzy Sets and Systems，2004，142（3）：443-466.

[55] Pandian S. The political economy of trans-Pakistan gas pipeline project: assessing the political and economic risks for India[J]. Energy Policy，2005，33（5）：659 – 670.

[56] Stephens J C, Wilson E J, Peterson T R. Socio-Political Evaluation of Energy Deployment(SPEED): an integrated research framework analyzing energy technology deployment[J]. Technological Forecasting and Social Change，2008，75（8）：1224-1246.

[57] Bowonder B. Environmental risk assessment issues in the third world[J]. Technological Forecasting and Social Change，1981，19（1）：99 – 127.

[58] Ferreira D, Suslick S, Moura P. Analysis of environmental bonding system for oil and gas projects[J]. Natural Resources Research，2003，12（4）：273 – 290.

[59] Vicki N-B. Creating incentives for environmentally enhancing technological change: lessons from 30 years of U. S. energy technology policy[J]. Technolgical Forcasting and Social Change，2000，65（2）：125 – 148.

[60] Chorn L G, Shokhor S. Real options for risk management in petroleum development investments[J]. Energy E-

conomics, 2006, 28(4): 489-505.

[61] Guseo R, Dalla A Valle, Guidolin M. World oil depletion models: price effects compared with strategic or technological interventions[J]. Technolgical Forcasting and Social Change, 2007, 74(4): 452-469.

[62] Zhang H L, Liu C X, Zhao M Z, et al. Economics, fundamentals, technology, finance, speculation and geopolitics of crude oil prices: an econometric analysis and forecast based on data from 1990 to 2017[J]. Petroleum Science, 2018, 15(2): 432 - 450.

[63] Asrilhant B, Dyson R G, Meadows M. On the strategic project management process in the UK upstream oil and gas sector[J]. Omega, 2007, 35(1): 89-103.

[64] Avena T, Pitblado R. On risk assessment in the petroleum activities on the Norwegian and UK continental shelves[J]. Reliability Engineering System Safety, 1998, 61(1): 21-29.

[65] Xie G, Yue W, Wang S, et al. Dynamic risk management in petroleum project investment based on a variable precision rough set model[J]. Technological Forecasting and Social Change, 2010, 77(6): 891-901.

[66] Ma Hong, Sun Zhu. Assessment of and Countermeasures against International Political Risk for Chinese Oil Companies[J]. Petroleum Science, 2006, 3(4): 78-81.

[67] Liu Yijun, Lin Shanshan, Li Zhiwei. Risk Assessment Index System of Natural Gas Industrial Chain in China [J]. Petroleum Science, 2006, 3(4): 141-145.

[68] Prasanta Kumar Dey. Project risk management using multiple criteria decision-making technique and decision tree analysis: a case study of Indian oil refinery[J]. Production Planning & Control, 2012, 23(12): 19.

[69] Valipour A R, Sarvari H, Yahaya N, et al. Analytic Network Process(ANP)to Risk Assessment of Gas Refinery EPC Projects in Iran[J]. Journal of Applied Sciences Research, 2013, 9(3): 1359-1365.

[70] Valipour A, Sarvari H, Nordin Y, et al. Analytic network process approach to risk allocation of EPC projects case study: Gas refinery EPC projects in Iran[J]. Applied Mechanics and Materials, 2014, 567: 654-659.

[71] Jin Xiao hua. Neurofuzzy decision support system for efficient risk allocation in public-private partnership infrastructure projects[J]. Journal of Computing in Civil Engineering, 2010, 24(6): 525-538.

[72] Xu Y, Chan A P C, Yeung J F Y. Developing a fuzzy risk allocation model for PPP projects in China[J]. Journal of Construction Engineering and Management, 2010, 136(8): 894-903.

[73] Fatih Tüysüz, Kahraman C. Project risk evaluation using a fuzzy analytic hierarchy process: An application to information technology projects[J]. International Journal of Intelligent Systems, 2006, 21(6): 559-584.

[74] Khazaeni G, Khanzadi M, Afshar A. Fuzzy adaptive decision making model for selection balanced risk allocation[J]. International Journal of Project Management, 2012, 30(4): 511-522.

[75] 陈辉, 李双成, 郑度, 等. 基于人工神经网络的青藏公路铁路沿线生态系统风险研究[J]. 北京大学学报: 自然科学版, 2005, 41(4): 586-593.

[76] 赵峰. 基于 BP 神经网络的项目投资风险评估[J]. 建筑经济, 2006(10): 62-64.

[77] 陈建宏, 胡敏, 肖诚, 等. 基于模糊人工神经网络的金属矿山投资风险评估[J]. 广西大学学报: 自然科学版, 2011, 36(6): 1030-1035.

[78] 胡文发. 基于 BP 算法的国际工程项目政治风险评估模型[J]. 重庆建筑大学学报, 2006, 28(4): 98-100, 105.

[79] 李铁军, 刘志斌, 刘浩瀚. 一种基于模糊熵的油田经营风险评估法[J]. 工程数学学报, 2012, 29(2): 168-172.

[80] 梁世连. 工程项目管理[M]. 北京: 人民邮电出版社, 2002.

[81] 魏国勇, 甘雨粒. 石化企业的风险识别及保险安排[J]. 国际石油经济, 2008(8): 26-29, 85.

[82] 周志江. 中国石油石化行业保险之路[J]. 中国石油企业, 2005(9): 70-71.

[83] 《管道工程项目风险与保险》编委会. 管道工程项目风险与保险[M]. 北京: 石油工业出版社, 2012.

[84] 张国臣. 保险风险管理应用——炼油化工风险管理及保险实践[M]. 北京：中国商务出版社，2017.

[85] 胡荣昌，何文洲. 新常态下国内炼化工程发展策略探讨[J]. 中国石油和化工经济分析，2015 (6)：41-43.

[86] 杨松，徐琳琳. 石油炼化工程安全管理的策略[J]. 低碳地产，2016，2(19)：119.

[87] 李春华. 石油炼化工程安全管理的策略[J]. 安全，2016，37(5)：51-53.

[88] 陈柳青. 炼化工程施工阶段的安全风险研究[D]. 广州：华南理工大学，2017.

[89] 汪慧颖. 代建制模式问题与对策研究[J]. 中南财经政法大学研究生学报，2010(1)：78-82.

[90] 王新兰，韩景宽. 重大工程建设项目管理模式的探讨[J]. 石油规划设计，2010，21(4)：11-14.

[91] 王志宇，方淑芬. 风险概念研究[J]. 燕山大学学报：哲学社会科学版，2007，8(2)：107-110.

[92] 张国臣. 保险风险管理及石油行业应用[M]. 北京：中国商务出版社，2016.

[93] 王清黎. 工程总承包项目风险因素分类的系统方法[J]. 项目管理技术，2017，15(1)：55-59.

[94] 韩力群. 人工神经网络理论、设计及应用[M]. 2版. 北京：化学工业出版社，2007.

[95] 赵中原. 基于神经网络的中文文本分类研究[D]. 南京：南京邮电大学，2008.

[96] 郑伟，佟淑娇，宋存义. 天然气管道工程风险对策研究[J]. 工业安全与环保，2010，36(9)：35-37.

[97] 郑伟. 民航机场风险评估模式研究[D]. 沈阳：沈阳航空工业学院，2006.

[98] 杨立明. 炼化工程EPC项目中的风险管理对策研究[J]. 化学工程与装备，2013(3)：216-217，224.

[99] 王志刚. 中国油气产业发展分析与展望报告蓝皮书[M]. 北京：中国石化出版社，2019.

[100] 陈棋福，陈凌. 地震损失预测评价中的易损性分析[J]. 中国地震，1999，15(2)：97-105.